Multiplication & Division (Book 1):
Comprehensive Mental Exercises
Tables 1–12

Shenouda Makarie

Lifelong Education

1st Edition
2015

Makarie, Shenouda
Multiplication & Divisions (Book 1): Comprehensive Mental Exercises

National Library of Australia Cataloguing-in-Publication entry
Creator: Makarie, Shenouda, author.
Title: Times tables : comprehensive memorisation program with
exercises. Book 3 Supplementary / Shenouda Makarie.
ISBN: 9780994283634 (paperback)
Target Audience: For primary school age.
Subjects: Multiplication--Tables--Juvenile literature
Multiplication--Tables--Problems, exercises, etc.
Dewey Number: 513.213

Copyright © 2015 by Shenouda Makarie

All rights reserved. No part of this publication may be reproduced, distributed, or transmitted in any form or by any means, including photocopying, recording, or other electronic or mechanical methods, without the prior written permission of the publisher, except in the case of brief quotations embodied in critical reviews and certain other noncommercial uses permitted by copyright law. For permission requests, write to the publisher, addressed "Attention: Permissions Coordinator," at email address below.

First Printing: 2015
ISBN 978-0-9942836-3-4

Lifelong Education Series
Other Titles available:
    Times Tables (Book 1): Comprehensive Memorisation Program with Exercises
    Times Tables (Book 2): Comprehensive Memorisation Program with Exercises

Sydney, NSW 2000 – Australia
books@lifelongeducation.com.au
For enquiries or further copies of this book, visit: www.lifelongeducation.com.au

CONTENTS

HOW TO USE THIS BOOK 5

EXERCISES (1-120) 6

APPENDIX 127

IMPORTANT :: HOW TO USE THIS BOOK

This book contains **extensive multiplication** and **division exercises** covering times tables 1-12. It is a continuation from the *Times Tables – Comprehensive Memorisation Program with Exercises*, Books 1 and 2. With over **4,200 questions**, this book will consolidate, in a short time, your child's learning of multiplication and division, for life!

There are a total of **120 exercises** that can be completed on a daily basis. **Each consecutive set of 24 exercises** covers the **entire times tables 1-12 along with divisions**! So it is important to go through the book in order.

It is important that your child completes *Books 1* and *2* of the title *Times Tables – Comprehensive Memorisation Program with Exercises* before commencing this book. The *memorisation program* is highly comprehensive and is set over **2 volumes**, covering the times tables **1 through to 12**, along with **divisions**.

> To get the most out of this book, ensure your child completes in order,
> **2 exercises on a daily basis**
> *once in the morning and once in the evening*

Unlike other books and worksheets, which contain inadequate number of exercises and are purely randomised leaving numbers out, this unique program contains numerous exercises that are carefully designed ensuring all numbers for the relevant times table are included – so no number is ever left out!

The key to learning maths is
DAILY STRUCTURED PRACTICE!

It is without a doubt that learning the times tables forms a crucial foundation to mathematics in your child's early primary years, on which many other concepts are built upon.

Take charge now, and with the help of this unique comprehensive program, your child will reap the benefits throughout their school years and beyond.

EXERCISE #1

• Mental Exercises •

8	x	___	=	88	___	÷	2	=	3
2	x	7	=	___	4	x	___	=	16
7	x	6	=	___	25	÷	5	=	___
___	x	4	=	24	24	÷	6	=	___
88	÷	___	=	8	81	÷	___	=	9
___	÷	2	=	6	35	÷	___	=	7
11	÷	___	=	11	10	÷	___	=	10
___	x	3	=	27	36	÷	___	=	6
55	÷	___	=	5	6	x	___	=	60
12	x	10	=	___	___	x	1	=	5
___	x	9	=	90	8	÷	2	=	___
33	÷	3	=	___	___	÷	9	=	4
7	x	___	=	49	2	÷	___	=	1
3	x	___	=	3	8	x	___	=	96
___	÷	7	=	4	___	÷	9	=	8
3	÷	___	=	3	___	÷	4	=	12
22	÷	11	=	___	3	x	12	=	___
11	x	___	=	11	___	÷	4	=	2

EXERCISE #2

• Mental Exercises •

72	÷	12	=	___	10	x ___ = 40
___	x	5	=	15	5	x 9 = ___
36	÷	___	=	4	2	x 5 = ___
___	÷	11	=	7	5	x ___ = 25
12	x	9	=	___	___ x 4 = 44
___	÷	1	=	11	2	x 10 = ___
3	x	___	=	9	___ ÷ 4 = 3
___	÷	4	=	7	10	x ___ = 110
110	÷	___	=	10	2	x 4 = ___
8	x	11	=	___	40	÷ 8 = ___
___	÷	1	=	9	6	÷ ___ = 3
___	x	7	=	7	4	÷ 4 = ___
___	÷	12	=	7	110	÷ 10 = ___
___	÷	12	=	4	20	÷ 5 = ___
14	÷	2	=	___	1	x ___ = 11
5	x	10	=	___	16	÷ 4 = ___
4	x	___	=	4	___ x 7 = 77
7	x	8	=	___	4	x 10 = ___

EXERCISE #3

• Mental Exercises •

___ × 2 = 18	___ ÷ 2 = 10
7 × ___ = 35	14 ÷ ___ = 2
___ × 5 = 40	11 ÷ 11 = ___
___ ÷ 10 = 3	10 ÷ ___ = 1
11 × 1 = ___	8 ÷ ___ = 4
9 × ___ = 90	121 ÷ ___ = 11
7 × 3 = ___	___ × 2 = 10
___ ÷ 2 = 5	___ ÷ 12 = 2
2 × ___ = 12	___ ÷ 5 = 7
24 ÷ ___ = 12	20 ÷ 10 = ___
10 × ___ = 60	36 ÷ 9 = ___
96 ÷ 8 = ___	3 × 8 = ___
___ ÷ 6 = 8	___ ÷ 5 = 5
120 ÷ 10 = ___	___ × 10 = 60
___ ÷ 11 = 6	30 ÷ ___ = 10
3 × ___ = 21	1 × 2 = ___
9 × ___ = 36	___ × 4 = 4
___ × 7 = 42	12 × 12 = ___

EXERCISE #4

• Mental Exercises •

___ ÷ 12 = 6	___ ÷ 1 = 6
7 x ___ = 56	___ ÷ 2 = 11
11 x ___ = 55	___ ÷ 9 = 1
99 ÷ ___ = 11	7 x 7 = ___
12 x ___ = 108	___ ÷ 8 = 11
2 x ___ = 22	4 x 7 = ___
___ ÷ 11 = 1	5 ÷ ___ = 1
10 x 7 = ___	10 x ___ = 120
___ x 8 = 72	___ ÷ 11 = 2
8 x 8 = ___	35 ÷ 5 = ___
___ x 2 = 24	4 x ___ = 44
___ ÷ 2 = 2	6 x 4 = ___
___ x 8 = 32	5 x 2 = ___
7 ÷ ___ = 7	27 ÷ ___ = 3
21 ÷ 3 = ___	10 ÷ 1 = ___
___ x 12 = 144	___ ÷ 1 = 7
72 ÷ 6 = ___	___ x 1 = 6
12 x ___ = 132	4 x 5 = ___

EXERCISE #5

• Mental Exercises •

9 × ___ = 9	___ × 3 = 21
10 × ___ = 80	___ × 7 = 14
24 ÷ ___ = 4	9 ÷ 9 = ___
5 × ___ = 35	___ × 10 = 90
8 × ___ = 80	5 × ___ = 45
16 ÷ 8 = ___	88 ÷ ___ = 11
1 × 9 = ___	5 × 4 = ___
80 ÷ ___ = 10	108 ÷ 12 = ___
36 ÷ 3 = ___	22 ÷ 2 = ___
28 ÷ ___ = 7	___ × 9 = 108
___ ÷ 7 = 7	___ ÷ 8 = 7
___ × 4 = 32	72 ÷ ___ = 12
32 ÷ 4 = ___	4 ÷ 2 = ___
88 ÷ 11 = ___	___ × 4 = 48
___ × 10 = 70	___ ÷ 8 = 1
48 ÷ ___ = 12	11 × 12 = ___
132 ÷ ___ = 12	11 × ___ = 99
20 ÷ 2 = ___	4 × 6 = ___

EXERCISE #6

• Mental Exercises •

70	÷	___	=	10	22	÷	___	=	2
___	x	6	=	72	132	÷	11	=	___
1	x	___	=	5	1	x	7	=	___
___	x	10	=	80	1	x	___	=	2
___	÷	5	=	1	12	÷	___	=	1
8	÷	___	=	2	___	÷	10	=	5
4	x	___	=	8	___	÷	7	=	6
10	x	11	=	___	28	÷	7	=	___
1	x	4	=	___	___	÷	9	=	3
2	÷	2	=	___	___	÷	7	=	12
99	÷	___	=	9	30	÷	___	=	6
12	x	___	=	120	6	x	10	=	___
1	÷	1	=	___	___	x	3	=	15
4	x	12	=	___	___	x	10	=	10
___	÷	3	=	6	64	÷	___	=	8
66	÷	11	=	___	16	÷	___	=	4
___	x	1	=	3	4	x	___	=	32
___	x	12	=	48	2	x	___	=	24

EXERCISE #7

• Mental Exercises •

___ ÷ 5 = 2	24 ÷ ___ = 3
6 x ___ = 24	5 ÷ ___ = 5
11 x 7 = ___	___ x 11 = 22
22 ÷ ___ = 11	___ x 2 = 12
10 x ___ = 50	56 ÷ 8 = ___
___ x 3 = 30	6 x 9 = ___
11 x 2 = ___	144 ÷ 12 = ___
12 ÷ 6 = ___	5 x 12 = ___
3 x 5 = ___	9 ÷ ___ = 1
___ x 2 = 6	___ ÷ 9 = 10
40 ÷ ___ = 10	6 x 8 = ___
6 x 5 = ___	7 x ___ = 28
4 x 9 = ___	___ x 11 = 55
8 x 9 = ___	5 x ___ = 50
8 x 6 = ___	___ ÷ 8 = 4
___ ÷ 11 = 3	55 ÷ 11 = ___
___ x 11 = 132	2 x 8 = ___
___ ÷ 1 = 4	6 ÷ ___ = 2

EXERCISE #8

• Mental Exercises •

12	x	3	=	___	77	÷	7	=	___
___	÷	12	=	3	24	÷	___	=	6
___	÷	7	=	2	___	x	3	=	6
108	÷	___	=	9	___	÷	10	=	10
10	x	5	=	___	7	x	___	=	70
1	x	10	=	___	8	x	___	=	72
___	÷	1	=	2	4	x	___	=	40
___	÷	5	=	10	___	÷	11	=	9
10	x	2	=	___	56	÷	___	=	7
12	x	5	=	___	30	÷	___	=	5
1	x	5	=	___	84	÷	___	=	12
___	x	5	=	50	10	x	12	=	___
18	÷	___	=	9	___	÷	9	=	11
___	x	1	=	12	44	÷	___	=	4
14	÷	7	=	___	40	÷	___	=	8
120	÷	___	=	10	56	÷	7	=	___
8	x	___	=	16	6	x	___	=	12
___	÷	8	=	10	60	÷	___	=	10

EXERCISE #9

• Mental Exercises •

35	÷	___	=	5		___	x	6	=	30
20	÷	___	=	10		___	x	6	=	24
132	÷	___	=	11		36	÷	4	=	___
___	x	7	=	49		10	x	___	=	70
42	÷	6	=	___		84	÷	7	=	___
___	x	5	=	5		3	x	11	=	___
___	x	6	=	54		___	x	1	=	7
6	x	11	=	___		___	÷	4	=	8
44	÷	4	=	___		48	÷	___	=	8
9	x	3	=	___		24	÷	8	=	___
12	x	1	=	___		10	÷	___	=	2
110	÷	___	=	11		7	x	___	=	7
___	÷	2	=	8		8	x	___	=	64
54	÷	6	=	___		6	x	___	=	42
___	x	4	=	36		___	÷	9	=	9
1	x	___	=	7		3	x	7	=	___
2	x	11	=	___		5	x	11	=	___
___	x	3	=	9		___	÷	3	=	2

EXERCISE #10

• Mental Exercises •

3	x	___	=	30		___	÷	10	=	7
1	x	3	=	___		___	x	2	=	16
___	÷	7	=	9		___	x	9	=	27
8	x	___	=	56		3	x	1	=	___
4	x	___	=	24		11	÷	___	=	1
___	x	8	=	48		6	x	___	=	18
7	÷	1	=	___		3	x	6	=	___
24	÷	___	=	8		___	x	7	=	70
9	x	2	=	___		___	÷	11	=	10
12	x	11	=	___		2	x	___	=	18
33	÷	11	=	___		___	x	12	=	72
11	x	3	=	___		___	x	12	=	12
2	x	___	=	6		2	x	___	=	20
5	x	___	=	60		___	÷	5	=	12
6	x	6	=	___		40	÷	___	=	4
44	÷	11	=	___		1	x	___	=	3
36	÷	___	=	12		___	x	8	=	64
11	x	9	=	___		7	x	1	=	___

EXERCISE #11

• Mental Exercises •

21	÷	___	=	7	7	x	5	=	___
18	÷	3	=	___	11	x	___	=	88
10	x	___	=	20	15	÷	5	=	___
15	÷	___	=	5	63	÷	9	=	___
___	÷	3	=	11	110	÷	11	=	___
___	x	12	=	132	80	÷	10	=	___
3	x	___	=	18	48	÷	4	=	___
7	x	2	=	___	36	÷	___	=	3
___	x	6	=	18	9	x	___	=	99
12	x	6	=	___	6	x	___	=	54
___	÷	10	=	9	___	÷	8	=	2
___	÷	5	=	4	10	÷	10	=	___
60	÷	___	=	6	9	x	8	=	___
12	÷	2	=	___	___	x	1	=	4
___	x	5	=	45	5	x	___	=	5
24	÷	4	=	___	3	÷	___	=	1
___	÷	1	=	10	___	÷	10	=	1
11	x	___	=	22	___	x	11	=	33

EXERCISE #12

• Mental Exercises •

11	x	10	=	___		10	x	8	=	___
6	x	___	=	30		56	÷	___	=	8
50	÷	___	=	10		8	x	___	=	40
18	÷	___	=	3		11	x	8	=	___
2	÷	___	=	2		___	÷	3	=	7
6	÷	3	=	___		___	÷	4	=	1
42	÷	___	=	6		32	÷	___	=	8
___	÷	3	=	10		___	x	9	=	72
4	x	___	=	12		___	÷	6	=	1
5	x	3	=	___		40	÷	5	=	___
___	x	7	=	63		___	÷	10	=	12
54	÷	___	=	6		90	÷	9	=	___
___	x	5	=	20		8	x	___	=	48
11	x	___	=	44		___	x	9	=	54
4	x	2	=	___		10	x	10	=	___
15	÷	3	=	___		3	x	___	=	33
99	÷	9	=	___		___	÷	3	=	12
33	÷	___	=	3		___	÷	5	=	6

Multiplication and Division (Book 1): Comprehensive Mental Exercises

EXERCISE #13

• Mental Exercises •

___	÷	8	=	8		66	÷	6	=	___
60	÷	___	=	12		___	x	8	=	96
___	x	4	=	12		9	x	5	=	___
12	÷	3	=	___		___	x	2	=	8
9	x	11	=	___		10	x	___	=	100
2	x	___	=	4		9	x	___	=	63
___	÷	5	=	11		3	x	___	=	24
___	÷	7	=	10		49	÷	___	=	7
1	x	___	=	8		1	x	___	=	4
___	÷	1	=	3		___	x	10	=	50
___	÷	7	=	11		6	÷	6	=	___
9	x	___	=	54		4	÷	___	=	4
1	x	___	=	12		4	x	___	=	36
8	x	___	=	24		12	x	___	=	36
9	x	12	=	___		___	÷	7	=	5
___	x	9	=	81		77	÷	11	=	___
1	x	___	=	1		12	÷	___	=	4
___	x	6	=	60		2	x	___	=	8

EXERCISE #14

• Mental Exercises •

___ x 8 = 24	___ x 12 = 120
60 ÷ 10 = ___	___ x 11 = 11
___ x 9 = 36	___ ÷ 9 = 7
1 x ___ = 10	___ ÷ 3 = 3
48 ÷ 8 = ___	4 x 3 = ___
5 x ___ = 15	___ x 8 = 56
5 ÷ 1 = ___	32 ÷ ___ = 4
5 x ___ = 20	___ x 11 = 77
___ ÷ 3 = 5	3 ÷ 1 = ___
6 x 7 = ___	10 x ___ = 90
48 ÷ 12 = ___	14 ÷ ___ = 7
20 ÷ ___ = 5	___ ÷ 6 = 5
96 ÷ ___ = 8	11 x ___ = 132
___ ÷ 4 = 6	20 ÷ ___ = 4
___ ÷ 9 = 6	12 x 8 = ___
15 ÷ ___ = 3	12 x ___ = 48
___ ÷ 9 = 12	6 ÷ ___ = 1
___ x 7 = 84	12 x 4 = ___

EXERCISE #15

• Mental Exercises •

7	x	___	=	77	5	x	6	=	___
9	÷	3	=	___	10	x	6	=	___
20	÷	___	=	2	2	x	___	=	2
72	÷	___	=	6	60	÷	___	=	5
10	x	___	=	10	90	÷	10	=	___
___	÷	8	=	9	10	x	9	=	___
___	÷	12	=	8	1	x	11	=	___
___	x	1	=	2	___	x	7	=	28
8	x	2	=	___	___	÷	7	=	3
___	x	3	=	12	9	x	10	=	___
___	x	5	=	10	___	x	5	=	25
___	x	12	=	36	6	÷	2	=	___
42	÷	7	=	___	___	÷	12	=	1
___	x	3	=	18	9	x	___	=	18
___	x	3	=	3	___	÷	1	=	1
___	÷	11	=	12	7	x	___	=	21
7	x	10	=	___	6	x	___	=	36
___	÷	8	=	6	___	x	10	=	120

EXERCISE #16

• Mental Exercises •

___ ÷ 3 = 1	70 ÷ 10 = ___
___ ÷ 4 = 9	___ x 9 = 9
___ ÷ 4 = 5	12 x 7 = ___
11 x 4 = ___	7 x ___ = 42
96 ÷ ___ = 12	___ x 6 = 42
4 x 4 = ___	8 ÷ 8 = ___
___ x 8 = 16	2 x ___ = 16
___ x 9 = 63	___ ÷ 6 = 10
72 ÷ ___ = 8	20 ÷ 4 = ___
6 x ___ = 6	6 ÷ ___ = 6
24 ÷ ___ = 2	___ ÷ 10 = 6
___ ÷ 6 = 4	___ ÷ 8 = 3
80 ÷ 8 = ___	45 ÷ ___ = 5
___ ÷ 5 = 8	4 ÷ ___ = 1
11 x ___ = 66	5 x ___ = 10
1 ÷ ___ = 1	9 x ___ = 81
3 x ___ = 15	25 ÷ ___ = 5
___ x 7 = 21	55 ÷ ___ = 11

Multiplication and Division (Book 1): Comprehensive Mental Exercises

EXERCISE #17

• Mental Exercises •

99	÷	11	=	____		____	x	5	=	60
64	÷	8	=	____		72	÷	____	=	9
2	x	9	=	____		9	x	9	=	____
96	÷	12	=	____		3	x	____	=	36
12	x	____	=	144		8	x	7	=	____
77	÷	____	=	7		5	÷	5	=	____
____	÷	5	=	3		____	x	2	=	22
12	÷	1	=	____		5	x	1	=	____
____	x	6	=	36		____	x	3	=	24
40	÷	____	=	5		____	÷	10	=	2
____	x	5	=	55		88	÷	8	=	____
____	÷	6	=	3		12	x	____	=	24
____	x	11	=	66		____	÷	3	=	9
11	x	11	=	____		9	x	1	=	____
12	x	2	=	____		7	x	____	=	84
18	÷	____	=	6		3	x	9	=	____
6	x	1	=	____		8	x	4	=	____
____	÷	1	=	5		11	x	6	=	____

EXERCISE #18

• Mental Exercises •

6	x	2	=	___		___	x	4	=	16
8	x	10	=	___		10	÷	2	=	___
4	x	___	=	20		27	÷	___	=	9
___	x	8	=	80		10	x	___	=	30
___	x	9	=	99		30	÷	6	=	___
33	÷	___	=	11		120	÷	12	=	___
___	x	6	=	66		___	÷	11	=	8
___	x	10	=	30		12	x	___	=	60
___	x	2	=	4		108	÷	___	=	12
___	÷	6	=	12		55	÷	5	=	___
___	x	1	=	8		28	÷	___	=	4
4	x	___	=	48		3	x	10	=	___
36	÷	6	=	___		11	x	___	=	110
7	x	___	=	63		___	÷	6	=	9
8	÷	4	=	___		___	x	11	=	121
8	÷	1	=	___		___	x	11	=	88
___	x	9	=	18		4	x	1	=	___
120	÷	___	=	12		9	x	6	=	___

EXERCISE #19

• Mental Exercises •

90	÷	___	=	10		6	x	___	=	66
12	x	___	=	84		___	÷	10	=	4
121	÷	11	=	___		___	÷	10	=	8
5	x	8	=	___		___	÷	11	=	4
80	÷	___	=	8		___	÷	1	=	8
___	÷	12	=	10		___	x	5	=	30
___	x	2	=	14		1	x	___	=	9
18	÷	6	=	___		___	x	11	=	44
3	x	2	=	___		12	x	___	=	72
___	÷	12	=	5		9	÷	___	=	9
___	÷	6	=	2		8	x	1	=	___
___	÷	11	=	5		9	x	4	=	___
___	x	8	=	8		10	÷	___	=	5
44	÷	___	=	11		2	x	6	=	___
16	÷	___	=	8		30	÷	10	=	___
2	x	12	=	___		10	÷	5	=	___
48	÷	___	=	6		___	÷	9	=	5
___	x	7	=	35		40	÷	10	=	___

EXERCISE # 20

• Mental Exercises •

___ ÷ 8 = 5	7 x 11 = ___
___ x 4 = 40	___ ÷ 3 = 8
42 ÷ ___ = 7	___ x 2 = 20
___ x 3 = 36	21 ÷ 7 = ___
81 ÷ 9 = ___	8 x 5 = ___
70 ÷ ___ = 7	9 x ___ = 27
___ ÷ 7 = 8	4 x 11 = ___
___ x 12 = 60	36 ÷ 12 = ___
60 ÷ 5 = ___	84 ÷ 12 = ___
___ ÷ 3 = 4	9 ÷ 1 = ___
___ x 1 = 11	72 ÷ 9 = ___
12 x ___ = 96	8 x ___ = 32
66 ÷ ___ = 11	___ x 1 = 9
24 ÷ 3 = ___	___ x 3 = 33
10 x 4 = ___	11 x ___ = 77
45 ÷ 9 = ___	___ x 12 = 96
12 ÷ ___ = 2	7 ÷ 7 = ___
___ ÷ 6 = 11	6 ÷ 1 = ___

EXERCISE # 21

• Mental Exercises •

___ x 12 = 108	___ x 4 = 20
___ ÷ 12 = 12	108 ÷ 9 = ___
9 x ___ = 72	___ x 12 = 24
54 ÷ ___ = 9	9 x ___ = 108
3 x ___ = 27	5 x ___ = 40
4 x 8 = ___	___ ÷ 2 = 4
11 x 5 = ___	27 ÷ 9 = ___
___ x 12 = 84	63 ÷ ___ = 9
___ x 1 = 10	30 ÷ 3 = ___
70 ÷ 7 = ___	___ ÷ 2 = 1
100 ÷ ___ = 10	48 ÷ 6 = ___
4 x ___ = 28	2 x 3 = ___
27 ÷ 3 = ___	___ x 10 = 110
3 x 4 = ___	3 x ___ = 12
63 ÷ ___ = 7	30 ÷ 5 = ___
___ ÷ 12 = 11	12 ÷ ___ = 3
___ x 6 = 12	9 ÷ ___ = 3
___ ÷ 12 = 9	___ x 1 = 1

EXERCISE # 22

• Mental Exercises •

___ ÷ 4 = 4	8 x 12 = ___
___ x 10 = 100	77 ÷ ___ = 11
2 ÷ 1 = ___	54 ÷ 9 = ___
24 ÷ 2 = ___	___ x 11 = 110
7 x 4 = ___	___ ÷ 2 = 9
40 ÷ 4 = ___	1 x 12 = ___
___ ÷ 9 = 2	100 ÷ 10 = ___
7 x 12 = ___	___ ÷ 2 = 7
6 x 12 = ___	9 x ___ = 45
7 ÷ ___ = 1	___ x 8 = 40
4 ÷ 1 = ___	60 ÷ 12 = ___
1 x 8 = ___	1 x 1 = ___
10 x 1 = ___	7 x ___ = 14
___ ÷ 4 = 11	___ ÷ 10 = 11
49 ÷ 7 = ___	8 x 3 = ___
12 ÷ ___ = 6	6 x 3 = ___
___ x 4 = 28	16 ÷ ___ = 2
132 ÷ 12 = ___	___ ÷ 5 = 9

EXERCISE #23

• Mental Exercises •

___ x 11 = 99	5 x 5 = ___
___ x 10 = 40	2 x 2 = ___
9 x 7 = ___	___ x 5 = 35
1 x 6 = ___	2 x ___ = 14
___ x 7 = 56	2 x ___ = 10
30 ÷ ___ = 3	144 ÷ ___ = 12
___ x 2 = 2	5 x ___ = 55
21 ÷ ___ = 3	6 x ___ = 72
___ x 9 = 45	5 x ___ = 30
8 ÷ ___ = 1	___ x 6 = 6
36 ÷ ___ = 9	8 x ___ = 8
48 ÷ ___ = 4	___ ÷ 4 = 10
3 x 3 = ___	12 ÷ ___ = 12
11 x ___ = 33	7 x 9 = ___
60 ÷ 6 = ___	10 x 3 = ___
50 ÷ 10 = ___	11 ÷ 1 = ___
50 ÷ 5 = ___	90 ÷ ___ = 9
___ ÷ 8 = 12	18 ÷ ___ = 2

EXERCISE #24

Mental Exercises

___	x	6	=	48	4	÷	___	=	2
12	x	___	=	12	5	x	7	=	___
___	÷	7	=	1	84	÷	___	=	7
3	÷	3	=	___	___	÷	6	=	6
___	x	10	=	20	6	x	___	=	48
18	÷	2	=	___	16	÷	2	=	___
66	÷	___	=	6	35	÷	7	=	___
___	÷	6	=	7	45	÷	___	=	9
3	x	___	=	6	2	x	1	=	___
___	÷	11	=	11	___	÷	1	=	12
11	x	___	=	121	63	÷	7	=	___
50	÷	___	=	5	32	÷	8	=	___
___	÷	2	=	12	12	÷	4	=	___
___	x	4	=	8	1	x	___	=	6
8	÷	___	=	8	72	÷	8	=	___
45	÷	5	=	___	18	÷	9	=	___
12	÷	12	=	___	___	x	8	=	88
24	÷	12	=	___	28	÷	4	=	___

EXERCISE #25

• Mental Exercises •

___	x	7	=	42	11	x	___	= 121
___	÷	6	=	2	___	÷	3	= 11
___	÷	5	=	8	10	x	___	= 70
___	÷	8	=	12	___	x	7	= 70
___	x	9	=	9	24	÷	4	= ___
3	x	___	=	33	108	÷	9	= ___
___	x	10	=	100	___	x	6	= 18
4	÷	___	=	1	___	x	9	= 81
3	x	___	=	24	88	÷	___	= 11
___	x	5	=	55	33	÷	3	= ___
8	x	___	=	16	36	÷	___	= 4
8	÷	4	=	___	4	x	3	= ___
6	x	5	=	___	55	÷	___	= 5
11	x	___	=	66	___	÷	4	= 10
___	÷	3	=	1	8	÷	___	= 8
___	x	7	=	49	___	÷	7	= 6
7	x	___	=	77	60	÷	5	= ___
___	÷	1	=	1	2	x	1	= ___

EXERCISE #26

• Mental Exercises •

7 × 10 = ___	3 ÷ 3 = ___
___ ÷ 3 = 7	___ × 12 = 144
2 × 6 = ___	___ × 7 = 21
6 × 1 = ___	___ ÷ 7 = 1
11 × ___ = 33	___ × 11 = 33
35 ÷ 5 = ___	___ × 4 = 8
9 ÷ ___ = 9	11 × ___ = 110
___ × 4 = 36	9 × ___ = 99
___ × 4 = 28	60 ÷ 6 = ___
40 ÷ ___ = 5	22 ÷ 11 = ___
6 ÷ ___ = 6	80 ÷ 8 = ___
4 × ___ = 36	12 × ___ = 72
50 ÷ 5 = ___	10 ÷ ___ = 10
___ ÷ 12 = 6	8 × 12 = ___
11 × ___ = 55	3 × 8 = ___
99 ÷ 11 = ___	2 × 10 = ___
10 × 5 = ___	8 × ___ = 48
___ × 7 = 35	16 ÷ ___ = 4

Multiplication and Division (Book 1): Comprehensive Mental Exercises

EXERCISE #27

• Mental Exercises •

24	÷	6	=	___	21	÷	___	=	7
44	÷	___	=	11	5	x	9	=	___
4	x	___	=	12	12	x	___	=	12
40	÷	___	=	10	___	÷	12	=	8
10	x	___	=	40	72	÷	___	=	8
1	x	6	=	___	6	x	___	=	24
1	x	___	=	4	1	x	___	=	8
9	÷	___	=	3	110	÷	10	=	___
4	x	___	=	48	5	x	___	=	30
___	x	5	=	10	___	x	1	=	2
___	÷	10	=	4	___	÷	5	=	3
___	÷	11	=	5	8	x	11	=	___
6	x	7	=	___	3	x	___	=	30
___	÷	7	=	9	40	÷	5	=	___
90	÷	___	=	9	12	x	10	=	___
5	x	___	=	25	___	÷	4	=	3
4	x	___	=	32	___	÷	5	=	10
___	x	2	=	18	7	x	4	=	___

EXERCISE # 28

• Mental Exercises •

___	÷	5	=	7
___	÷	12	=	9
___	÷	12	=	1
9	x	___	=	81
3	x	12	=	___
22	÷	2	=	___
132	÷	___	=	11
8	x	9	=	___
18	÷	9	=	___
49	÷	7	=	___
1	x	9	=	___
7	x	___	=	56
___	÷	12	=	7
___	x	5	=	40
54	÷	___	=	9
18	÷	___	=	3
12	x	11	=	___
2	x	___	=	18

11	x	___	=	11
84	÷	7	=	___
___	÷	6	=	8
9	x	___	=	27
10	x	9	=	___
11	x	9	=	___
___	x	3	=	9
___	x	6	=	72
9	÷	9	=	___
6	x	___	=	12
8	x	___	=	72
30	÷	6	=	___
6	÷	2	=	___
___	÷	8	=	9
8	x	___	=	24
___	÷	2	=	8
33	÷	___	=	11
7	÷	___	=	7

Multiplication and Division (Book 1): Comprehensive Mental Exercises

EXERCISE # 29

• Mental Exercises •

___ × 9 = 63	___ ÷ 12 = 5
20 ÷ ___ = 5	___ ÷ 1 = 12
3 × ___ = 9	4 × 2 = ___
6 × 11 = ___	___ ÷ 10 = 9
___ ÷ 10 = 6	3 × ___ = 18
1 × 10 = ___	27 ÷ 9 = ___
___ ÷ 7 = 8	10 × 1 = ___
___ × 6 = 66	___ × 8 = 16
___ × 5 = 45	___ ÷ 4 = 4
___ ÷ 8 = 4	6 × 3 = ___
7 × ___ = 42	___ × 4 = 12
___ × 4 = 24	5 × ___ = 50
4 × 1 = ___	6 × ___ = 6
15 ÷ ___ = 5	___ ÷ 12 = 3
21 ÷ 7 = ___	___ × 12 = 24
___ ÷ 5 = 5	___ ÷ 10 = 3
1 × 11 = ___	11 × 2 = ___
3 × 1 = ___	2 × ___ = 10

EXERCISE #30

• Mental Exercises •

72 ÷ 6 = ___		11 x 4 = ___
7 x ___ = 63		10 ÷ 2 = ___
77 ÷ 7 = ___		70 ÷ 10 = ___
3 x ___ = 12		24 ÷ ___ = 4
4 x 12 = ___		___ ÷ 3 = 2
70 ÷ 7 = ___		1 x 1 = ___
___ ÷ 3 = 3		12 x ___ = 132
18 ÷ ___ = 2		___ x 10 = 10
45 ÷ 5 = ___		___ x 5 = 15
___ x 9 = 54		30 ÷ 3 = ___
18 ÷ ___ = 9		10 x 4 = ___
96 ÷ ___ = 8		___ x 5 = 20
9 x 7 = ___		2 x 11 = ___
20 ÷ ___ = 4		7 ÷ ___ = 1
24 ÷ ___ = 12		9 x ___ = 63
66 ÷ 11 = ___		3 x ___ = 6
35 ÷ ___ = 7		10 ÷ ___ = 1
___ x 3 = 36		___ ÷ 2 = 7

EXERCISE #31

• Mental Exercises •

___ × 8 = 96	60 ÷ ___ = 5
7 × 1 = ___	21 ÷ ___ = 3
___ × 9 = 108	55 ÷ 11 = ___
___ × 9 = 36	33 ÷ 11 = ___
___ ÷ 3 = 6	3 × 7 = ___
10 × 3 = ___	___ ÷ 8 = 2
6 ÷ 1 = ___	___ × 10 = 20
2 ÷ 2 = ___	27 ÷ 3 = ___
5 × 10 = ___	___ ÷ 7 = 7
___ ÷ 7 = 11	___ ÷ 9 = 5
___ ÷ 5 = 12	30 ÷ ___ = 5
10 ÷ ___ = 5	___ × 6 = 54
___ × 1 = 5	35 ÷ ___ = 5
___ × 11 = 132	8 ÷ ___ = 4
40 ÷ 8 = ___	10 × 12 = ___
4 × ___ = 28	___ × 10 = 70
27 ÷ ___ = 3	___ × 7 = 63
6 × 9 = ___	1 × ___ = 10

EXERCISE # 32

• Mental Exercises •

12	x	___	=	96	___	÷	8	=	7
8	÷	8	=	___	4	x	___	=	8
4	x	___	=	24	___	÷	4	=	9
4	x	___	=	4	42	÷	7	=	___
7	x	5	=	___	___	÷	10	=	11
___	÷	9	=	3	2	x	12	=	___
9	x	5	=	___	___	x	7	=	14
___	÷	10	=	5	3	x	___	=	27
24	÷	8	=	___	1	x	4	=	___
___	÷	6	=	1	48	÷	___	=	4
___	÷	3	=	4	60	÷	___	=	10
6	x	___	=	36	11	x	___	=	77
___	÷	6	=	3	___	÷	9	=	9
___	÷	2	=	11	10	÷	1	=	___
___	x	3	=	21	12	x	___	=	108
28	÷	4	=	___	9	x	12	=	___
___	÷	12	=	4	24	÷	___	=	3
___	÷	2	=	10	4	x	___	=	44

EXERCISE #33

• Mental Exercises •

___	x	6	=	36	54	÷	___	=	6
___	x	12	=	120	5	x	8	=	___
___	x	3	=	27	___	÷	1	=	10
___	x	2	=	4	3	x	11	=	___
7	x	6	=	___	4	÷	___	=	4
36	÷	___	=	3	___	x	6	=	24
___	x	10	=	120	___	x	8	=	32
___	x	4	=	48	3	÷	___	=	3
11	x	___	=	132	12	÷	4	=	___
11	÷	11	=	___	108	÷	___	=	9
___	÷	11	=	9	___	÷	8	=	10
___	÷	2	=	3	9	÷	___	=	1
7	x	3	=	___	5	x	___	=	55
1	x	12	=	___	___	x	11	=	77
___	÷	6	=	11	___	÷	12	=	2
___	x	10	=	50	___	x	6	=	12
12	x	12	=	___	30	÷	___	=	3
6	x	2	=	___	84	÷	___	=	7

EXERCISE #34

• Mental Exercises •

___ × 11 = 121	___ × 7 = 7
___ × 8 = 72	5 × 4 = ___
4 ÷ 2 = ___	55 ÷ 5 = ___
2 × ___ = 20	4 × 5 = ___
2 × ___ = 16	14 ÷ 7 = ___
___ × 4 = 40	10 × ___ = 110
___ ÷ 7 = 12	30 ÷ 5 = ___
___ × 9 = 27	___ × 5 = 30
___ ÷ 6 = 5	28 ÷ ___ = 4
28 ÷ ___ = 7	8 × ___ = 88
___ ÷ 9 = 8	6 ÷ 6 = ___
4 ÷ 1 = ___	88 ÷ ___ = 8
___ × 12 = 84	6 ÷ ___ = 2
12 × ___ = 84	___ × 1 = 3
6 ÷ ___ = 1	9 × ___ = 45
81 ÷ ___ = 9	1 ÷ ___ = 1
48 ÷ 8 = ___	8 ÷ ___ = 2
___ ÷ 9 = 4	___ ÷ 11 = 2

Multiplication and Division (Book 1): Comprehensive Mental Exercises

EXERCISE #35

• Mental Exercises •

72	÷	___	=	9	24	÷	___	=	6
___	÷	10	=	10	___	÷	8	=	1
10	÷	___	=	2	7	x	___	=	49
___	x	12	=	72	16	÷	8	=	___
132	÷	11	=	___	___	÷	10	=	7
1	x	___	=	3	36	÷	9	=	___
___	÷	3	=	8	12	÷	12	=	___
9	x	1	=	___	___	÷	11	=	10
___	÷	11	=	7	3	x	___	=	36
___	÷	10	=	12	12	x	7	=	___
___	÷	11	=	1	___	÷	5	=	9
___	x	12	=	60	32	÷	___	=	4
11	x	___	=	99	12	÷	___	=	4
32	÷	8	=	___	72	÷	9	=	___
___	÷	12	=	11	___	x	4	=	16
12	x	9	=	___	2	x	2	=	___
___	÷	10	=	2	12	x	6	=	___
3	x	10	=	___	___	÷	4	=	1

EXERCISE # 36

Mental Exercises

___ × 8 = 56	___ × 3 = 12
___ × 7 = 77	___ ÷ 9 = 10
6 × 8 = ___	8 × 7 = ___
9 ÷ 3 = ___	1 × ___ = 12
7 ÷ 1 = ___	___ × 5 = 60
6 ÷ 3 = ___	8 ÷ ___ = 1
11 × 12 = ___	___ × 3 = 6
___ × 5 = 50	7 × ___ = 28
15 ÷ 3 = ___	___ ÷ 6 = 12
2 × 8 = ___	8 × ___ = 64
54 ÷ 9 = ___	___ × 3 = 30
64 ÷ ___ = 8	12 × ___ = 36
1 × 2 = ___	22 ÷ ___ = 2
44 ÷ 11 = ___	22 ÷ ___ = 11
___ × 4 = 20	10 × ___ = 80
___ ÷ 1 = 9	30 ÷ ___ = 10
120 ÷ 12 = ___	___ × 2 = 12
12 ÷ ___ = 1	100 ÷ ___ = 10

EXERCISE #37

• Mental Exercises •

___ x 3 = 33	10 x ___ = 90
5 x ___ = 60	66 ÷ 6 = ___
10 x 11 = ___	3 x 3 = ___
7 x 11 = ___	90 ÷ ___ = 10
12 x ___ = 144	10 x ___ = 120
36 ÷ ___ = 12	12 ÷ 3 = ___
16 ÷ ___ = 8	33 ÷ ___ = 3
8 x 5 = ___	11 x 11 = ___
___ ÷ 7 = 4	9 x ___ = 108
16 ÷ 2 = ___	7 x 12 = ___
___ ÷ 4 = 2	2 ÷ 1 = ___
8 x 8 = ___	18 ÷ ___ = 6
___ x 2 = 20	8 x 4 = ___
4 x 10 = ___	___ x 9 = 45
5 x 5 = ___	10 x ___ = 10
11 x 6 = ___	9 x 2 = ___
8 x ___ = 8	5 x 12 = ___
18 ÷ 3 = ___	9 ÷ 1 = ___

EXERCISE #38

• Mental Exercises •

___ ÷ 9 = 2	___ x 6 = 30
___ x 10 = 30	5 x ___ = 15
16 ÷ ___ = 2	42 ÷ 6 = ___
48 ÷ ___ = 12	___ x 2 = 24
24 ÷ ___ = 8	36 ÷ ___ = 6
5 ÷ 5 = ___	10 x 8 = ___
___ x 6 = 60	___ x 2 = 16
11 ÷ ___ = 1	72 ÷ 8 = ___
80 ÷ 10 = ___	5 x ___ = 45
10 x 2 = ___	___ x 9 = 99
___ x 10 = 90	___ x 1 = 11
___ ÷ 7 = 10	6 x ___ = 54
24 ÷ 12 = ___	___ ÷ 4 = 11
12 x 5 = ___	___ ÷ 6 = 7
88 ÷ 11 = ___	12 x 3 = ___
8 x 3 = ___	88 ÷ 8 = ___
30 ÷ ___ = 6	___ x 8 = 24
2 x 9 = ___	___ ÷ 12 = 10

EXERCISE #39

• Mental Exercises •

___ x 1 = 4	3 x 9 = ___
4 x 6 = ___	4 x 9 = ___
4 x 4 = ___	11 x 5 = ___
9 x ___ = 90	___ x 8 = 48
12 ÷ ___ = 12	25 ÷ 5 = ___
10 x ___ = 100	___ x 2 = 10
20 ÷ ___ = 10	24 ÷ 2 = ___
1 x 8 = ___	___ x 2 = 14
1 x ___ = 9	11 ÷ 1 = ___
7 x 7 = ___	___ ÷ 5 = 4
___ ÷ 9 = 6	___ ÷ 2 = 4
84 ÷ 12 = ___	12 x ___ = 24
1 x 3 = ___	___ ÷ 10 = 1
___ x 10 = 80	___ ÷ 7 = 5
8 x 2 = ___	10 x 10 = ___
2 x ___ = 4	___ x 6 = 6
7 x 2 = ___	6 ÷ ___ = 3
7 ÷ 7 = ___	99 ÷ ___ = 9

EXERCISE # 40

• Mental Exercises •

7	x	9	=	___	___	÷	9	=	1
2	x	4	=	___	___	÷	9	=	12
12	x	4	=	___	6	x	___	=	18
___	÷	1	=	3	6	x	___	=	48
___	x	8	=	64	___	÷	5	=	6
1	x	___	=	6	56	÷	___	=	8
42	÷	___	=	7	8	x	6	=	___
63	÷	9	=	___	8	x	1	=	___
8	x	___	=	32	90	÷	9	=	___
7	x	___	=	7	48	÷	4	=	___
___	x	5	=	5	___	÷	4	=	6
___	÷	7	=	2	9	x	___	=	72
9	x	___	=	54	25	÷	___	=	5
___	÷	1	=	6	9	x	___	=	18
10	x	___	=	60	7	x	___	=	14
5	x	11	=	___	2	x	___	=	6
56	÷	7	=	___	12	x	1	=	___
77	÷	___	=	11	121	÷	11	=	___

Multiplication and Division (Book 1): Comprehensive Mental Exercises

EXERCISE # 41

• Mental Exercises •

20	÷	4	=	___	21	÷	3	=	___
50	÷	10	=	___	3	x	5	=	___
___	x	2	=	6	110	÷	11	=	___
11	÷	___	=	11	60	÷	___	=	12
24	÷	___	=	2	132	÷	12	=	___
___	x	3	=	18	9	x	11	=	___
1	x	___	=	7	120	÷	___	=	10
32	÷	___	=	8	11	x	8	=	___
12	x	___	=	120	3	x	___	=	3
6	x	12	=	___	___	÷	11	=	4
6	x	6	=	___	3	x	___	=	15
___	÷	11	=	11	36	÷	3	=	___
9	x	___	=	9	6	x	___	=	60
___	x	3	=	3	12	÷	___	=	2
121	÷	___	=	11	4	x	11	=	___
___	÷	3	=	9	___	x	2	=	22
___	x	6	=	48	11	x	1	=	___
___	x	1	=	8	___	x	7	=	84

EXERCISE #42

• Mental Exercises •

____ ÷ 10 = 8	8 ÷ 2 = ____
81 ÷ 9 = ____	2 ÷ ____ = 1
15 ÷ ____ = 3	15 ÷ 5 = ____
____ ÷ 8 = 11	____ ÷ 3 = 10
2 x ____ = 8	132 ÷ ____ = 12
6 x ____ = 66	____ x 9 = 18
8 x ____ = 56	5 x ____ = 20
70 ÷ ____ = 10	7 x 8 = ____
120 ÷ 10 = ____	____ ÷ 6 = 9
____ x 1 = 6	10 ÷ 5 = ____
4 x ____ = 16	96 ÷ 8 = ____
____ ÷ 11 = 12	____ x 1 = 1
3 x 4 = ____	1 x ____ = 11
18 ÷ 2 = ____	____ ÷ 1 = 5
10 ÷ 10 = ____	____ ÷ 8 = 8
12 x 8 = ____	____ x 12 = 108
____ x 1 = 12	1 x ____ = 1
____ ÷ 8 = 6	____ x 7 = 56

EXERCISE #43

• Mental Exercises •

1 x ___ = 2		2 x ___ = 12
9 x 4 = ___		5 x 2 = ___
36 ÷ 6 = ___		___ x 2 = 2
48 ÷ ___ = 6		14 ÷ 2 = ___
96 ÷ ___ = 12		77 ÷ 11 = ___
___ ÷ 11 = 6		20 ÷ ___ = 2
3 ÷ ___ = 1		___ x 4 = 32
___ ÷ 2 = 2		2 ÷ ___ = 2
36 ÷ 12 = ___		12 ÷ 1 = ___
___ ÷ 2 = 9		6 x ___ = 30
63 ÷ ___ = 7		___ x 8 = 40
50 ÷ ___ = 5		12 x ___ = 48
54 ÷ 6 = ___		5 ÷ ___ = 1
72 ÷ 12 = ___		44 ÷ 4 = ___
20 ÷ 10 = ___		___ x 12 = 12
56 ÷ 8 = ___		1 ÷ 1 = ___
5 ÷ 1 = ___		___ ÷ 9 = 11
12 ÷ ___ = 3		5 x ___ = 5

EXERCISE # 44

• Mental Exercises •

16	÷	4	=	___	12	÷	___	=	6
50	÷	___	=	10	80	÷	___	=	10
___	x	11	=	99	2	x	___	=	24
___	x	7	=	28	___	÷	11	=	8
9	x	10	=	___	6	x	4	=	___
___	x	1	=	7	___	x	1	=	9
4	÷	___	=	2	___	÷	3	=	5
2	x	5	=	___	8	x	___	=	40
20	÷	2	=	___	___	÷	6	=	4
5	x	___	=	10	66	÷	___	=	6
9	x	___	=	36	11	x	___	=	88
___	x	12	=	96	___	x	8	=	8
12	x	2	=	___	___	÷	7	=	3
3	x	___	=	21	___	÷	2	=	5
48	÷	12	=	___	55	÷	___	=	11
40	÷	4	=	___	___	÷	5	=	1
___	÷	2	=	1	35	÷	7	=	___
96	÷	12	=	___	5	x	___	=	40

Multiplication and Division (Book 1): Comprehensive Mental Exercises

EXERCISE #45

• Mental Exercises •

___	÷	6	=	6		20	÷	5	=	___
5	÷	___	=	5		27	÷	___	=	9
6	x	___	=	72		1	x	7	=	___
___	x	10	=	110		84	÷	___	=	12
4	x	___	=	40		7	x	___	=	21
12	÷	6	=	___		5	x	6	=	___
14	÷	___	=	2		5	x	___	=	35
6	x	10	=	___		77	÷	___	=	7
11	x	___	=	22		___	÷	3	=	12
___	x	8	=	80		___	÷	4	=	12
___	÷	4	=	8		5	x	1	=	___
72	÷	___	=	12		___	÷	8	=	3
___	x	12	=	48		8	x	10	=	___
___	÷	2	=	12		___	÷	9	=	7
11	x	3	=	___		9	x	9	=	___
12	x	___	=	60		44	÷	___	=	4
___	x	2	=	8		___	x	12	=	132
2	x	___	=	2		10	x	___	=	20

EXERCISE # 46

• Mental Exercises •

3	x	2	=	___	120	÷	___	=	12
63	÷	7	=	___	110	÷	___	=	11
___	x	3	=	15	___	÷	1	=	8
24	÷	3	=	___	60	÷	___	=	6
___	x	11	=	88	99	÷	___	=	11
___	÷	4	=	5	9	x	3	=	___
8	x	___	=	96	___	x	5	=	35
6	x	___	=	42	___	x	8	=	88
40	÷	___	=	8	3	x	6	=	___
45	÷	9	=	___	___	÷	1	=	4
45	÷	___	=	5	72	÷	___	=	6
2	x	___	=	14	4	x	___	=	20
8	÷	1	=	___	48	÷	___	=	8
2	x	___	=	22	144	÷	___	=	12
108	÷	12	=	___	42	÷	___	=	6
56	÷	___	=	7	36	÷	4	=	___
___	x	6	=	42	___	x	11	=	66
7	x	___	=	35	18	÷	6	=	___

EXERCISE #47

• Mental Exercises •

11	x	10	=	___	28	÷	7	=	___
9	x	6	=	___	2	x	3	=	___
___	x	11	=	110	___	x	1	=	10
10	x	___	=	30	___	÷	5	=	2
5	x	7	=	___	14	÷	___	=	7
11	x	7	=	___	8	x	___	=	80
___	x	3	=	24	64	÷	8	=	___
___	x	9	=	90	40	÷	10	=	___
3	÷	1	=	___	1	x	5	=	___
___	x	10	=	40	60	÷	10	=	___
___	x	9	=	72	___	÷	1	=	7
63	÷	___	=	9	5	x	3	=	___
___	x	11	=	55	45	÷	___	=	9
4	x	7	=	___	___	÷	12	=	12
___	÷	1	=	2	___	÷	2	=	6
___	x	5	=	25	___	x	4	=	44
99	÷	9	=	___	___	÷	4	=	7
___	÷	6	=	10	12	÷	2	=	___

EXERCISE # 48

• Mental Exercises •

___ x 10 = 60	108 ÷ ___ = 12
110 ÷ ___ = 10	36 ÷ ___ = 9
___ ÷ 5 = 11	144 ÷ 12 = ___
___ x 4 = 4	___ x 12 = 36
32 ÷ 4 = ___	___ ÷ 11 = 3
30 ÷ 10 = ___	4 ÷ 4 = ___
40 ÷ ___ = 4	60 ÷ 12 = ___
2 x 7 = ___	11 x ___ = 44
1 x ___ = 5	49 ÷ ___ = 7
7 x ___ = 70	7 x ___ = 84
80 ÷ ___ = 8	___ x 11 = 22
4 x 8 = ___	___ ÷ 1 = 11
___ ÷ 8 = 5	___ x 11 = 11
10 x ___ = 50	90 ÷ 10 = ___
66 ÷ ___ = 11	100 ÷ 10 = ___
10 x 7 = ___	___ x 11 = 44
9 x 8 = ___	70 ÷ ___ = 7
48 ÷ 6 = ___	10 x 6 = ___

Multiplication and Division (Book 1): Comprehensive Mental Exercises

EXERCISE # 49

• Mental Exercises •

___ x 7 = 63	___ ÷ 10 = 1
22 ÷ ___ = 11	___ ÷ 1 = 3
___ ÷ 10 = 10	120 ÷ 10 = ___
___ ÷ 10 = 8	1 x 7 = ___
90 ÷ ___ = 9	64 ÷ 8 = ___
7 x ___ = 28	___ x 4 = 20
___ x 11 = 110	48 ÷ ___ = 12
___ x 2 = 22	8 x ___ = 64
1 x 5 = ___	12 x ___ = 24
___ ÷ 5 = 9	___ ÷ 10 = 5
1 ÷ 1 = ___	12 ÷ 4 = ___
10 x ___ = 120	24 ÷ ___ = 4
___ x 8 = 16	___ x 5 = 50
___ ÷ 8 = 4	12 x ___ = 96
3 x ___ = 12	3 x 8 = ___
___ x 1 = 3	___ x 4 = 44
10 x ___ = 20	7 x ___ = 35
___ ÷ 5 = 4	9 x 5 = ___

EXERCISE #50

• Mental Exercises •

6	x	___	=	18	6	÷	___	=	3
48	÷	12	=	___	___	x	5	=	30
___	÷	1	=	11	___	x	7	=	28
___	÷	6	=	6	6	x	9	=	___
72	÷	8	=	___	___	x	2	=	2
84	÷	12	=	___	3	x	2	=	___
3	x	12	=	___	56	÷	___	=	8
54	÷	___	=	9	4	x	___	=	44
___	÷	1	=	10	44	÷	4	=	___
___	÷	11	=	2	72	÷	6	=	___
___	÷	5	=	7	10	x	___	=	90
___	÷	9	=	8	5	÷	___	=	5
4	x	4	=	___	3	x	___	=	30
___	÷	8	=	10	24	÷	___	=	8
___	x	3	=	27	6	x	10	=	___
90	÷	___	=	10	10	x	___	=	40
66	÷	6	=	___	33	÷	___	=	11
11	x	9	=	___	4	x	___	=	48

EXERCISE #51

• Mental Exercises •

2 ÷ ___ = 2			16 ÷ ___ = 4		
8 ÷ 4 = ___			96 ÷ ___ = 8		
7 x 8 = ___			___ ÷ 3 = 12		
108 ÷ ___ = 12			___ x 9 = 90		
24 ÷ 8 = ___			6 x 6 = ___		
___ x 4 = 4			15 ÷ ___ = 3		
11 x 10 = ___			___ x 1 = 11		
6 x ___ = 36			4 x 9 = ___		
12 x ___ = 144			66 ÷ ___ = 6		
4 x ___ = 4			___ ÷ 8 = 5		
30 ÷ ___ = 6			2 x 10 = ___		
5 x 4 = ___			144 ÷ ___ = 12		
8 ÷ 2 = ___			6 x 3 = ___		
7 ÷ ___ = 1			___ x 4 = 24		
10 ÷ ___ = 1			___ ÷ 7 = 8		
___ ÷ 2 = 5			___ ÷ 11 = 6		
8 x 10 = ___			___ x 5 = 60		
4 ÷ 2 = ___			___ ÷ 9 = 7		

EXERCISE #52

• Mental Exercises •

2	x	___	=	12		3	x	9	=	___
12	x	6	=	___		63	÷	7	=	___
8	x	___	=	48		___	÷	4	=	2
___	÷	12	=	5		12	÷	___	=	3
3	x	___	=	27		8	x	4	=	___
14	÷	___	=	7		___	÷	8	=	3
132	÷	11	=	___		8	x	8	=	___
6	x	2	=	___		11	x	12	=	___
___	x	2	=	18		___	x	10	=	70
48	÷	6	=	___		___	÷	4	=	10
6	x	___	=	60		35	÷	___	=	5
___	÷	1	=	8		20	÷	___	=	2
___	x	1	=	12		7	x	2	=	___
77	÷	7	=	___		36	÷	___	=	9
___	x	8	=	80		36	÷	12	=	___
9	x	___	=	63		55	÷	11	=	___
___	÷	6	=	12		6	x	8	=	___
7	x	11	=	___		___	÷	10	=	7

EXERCISE #53

• Mental Exercises •

54	÷	___	=	6		12	x	7	=	___
___	÷	4	=	6		18	÷	2	=	___
___	x	7	=	42		4	x	8	=	___
8	x	___	=	40		100	÷	___	=	10
___	÷	3	=	7		33	÷	3	=	___
72	÷	9	=	___		___	÷	4	=	5
9	x	___	=	18		33	÷	11	=	___
___	x	11	=	77		___	÷	9	=	5
___	÷	11	=	7		___	x	8	=	64
1	x	___	=	9		24	÷	3	=	___
___	x	9	=	108		2	x	___	=	4
3	x	7	=	___		12	x	10	=	___
10	x	___	=	10		30	÷	10	=	___
15	÷	3	=	___		12	x	___	=	132
12	x	___	=	60		10	x	8	=	___
7	÷	1	=	___		8	÷	___	=	8
10	x	___	=	80		80	÷	10	=	___
12	÷	12	=	___		12	x	___	=	72

EXERCISE #54

• Mental Exercises •

11	÷	11	=	___		1	x	___	=	10
___	x	7	=	84		36	÷	___	=	6
84	÷	7	=	___		___	÷	7	=	3
5	x	5	=	___		11	÷	___	=	1
___	x	10	=	100		___	÷	10	=	9
8	x	11	=	___		___	÷	7	=	7
___	x	3	=	6		6	÷	2	=	___
12	÷	2	=	___		32	÷	4	=	___
12	x	11	=	___		9	x	___	=	27
___	÷	7	=	11		2	x	3	=	___
88	÷	___	=	8		2	x	___	=	24
___	÷	3	=	4		5	x	___	=	35
40	÷	___	=	10		2	x	6	=	___
3	x	___	=	21		___	x	3	=	15
___	÷	1	=	2		3	x	___	=	6
10	x	7	=	___		120	÷	12	=	___
2	x	2	=	___		60	÷	___	=	10
___	x	8	=	40		45	÷	5	=	___

EXERCISE #55

• Mental Exercises •

100	÷	10	=	___	___	÷	5	=	11
___	÷	2	=	8	15	÷	___	=	5
3	x	___	=	18	___	x	2	=	4
___	÷	4	=	9	8	÷	___	=	1
___	x	3	=	24	11	x	___	=	121
8	÷	1	=	___	___	x	12	=	60
72	÷	___	=	12	20	÷	2	=	___
5	x	9	=	___	___	÷	2	=	10
20	÷	___	=	5	1	x	1	=	___
7	x	___	=	56	___	÷	1	=	7
___	÷	9	=	12	___	÷	5	=	10
3	x	___	=	15	7	x	6	=	___
27	÷	3	=	___	22	÷	11	=	___
12	x	1	=	___	9	÷	___	=	3
___	x	8	=	24	___	÷	1	=	12
6	x	11	=	___	7	x	10	=	___
18	÷	___	=	9	___	x	7	=	56
6	x	___	=	48	36	÷	3	=	___

EXERCISE #56

• Mental Exercises •

121	÷	11	=	___	___	÷	9	=	10
___	x	9	=	81	___	x	1	=	8
36	÷	___	=	12	___	÷	6	=	11
54	÷	6	=	___	___	x	1	=	7
20	÷	5	=	___	1	÷	___	=	1
___	x	8	=	88	9	x	11	=	___
80	÷	___	=	10	___	x	9	=	72
99	÷	9	=	___	27	÷	9	=	___
3	x	10	=	___	9	÷	9	=	___
___	x	7	=	21	___	x	10	=	40
36	÷	6	=	___	___	÷	6	=	7
9	x	___	=	54	81	÷	9	=	___
___	÷	2	=	7	___	÷	6	=	2
1	x	___	=	7	4	x	___	=	24
___	÷	1	=	9	42	÷	___	=	6
21	÷	___	=	7	7	÷	___	=	7
9	x	___	=	36	99	÷	___	=	11
___	x	9	=	27	___	x	8	=	56

Multiplication and Division (Book 1): Comprehensive Mental Exercises

EXERCISE #57

• Mental Exercises •

7	x	___	=	42	___	÷	8	=	9
3	x	___	=	9	12	x	___	=	108
1	x	8	=	___	72	÷	12	=	___
___	x	1	=	9	___	÷	11	=	9
4	x	___	=	36	10	÷	10	=	___
8	x	___	=	72	___	÷	1	=	6
88	÷	11	=	___	28	÷	___	=	4
___	÷	9	=	9	27	÷	___	=	9
132	÷	___	=	11	10	x	___	=	50
___	x	6	=	36	___	x	5	=	25
___	÷	10	=	2	___	x	9	=	18
6	x	___	=	12	___	÷	1	=	1
9	x	6	=	___	10	x	1	=	___
35	÷	___	=	7	6	x	___	=	42
___	x	7	=	14	___	÷	3	=	2
55	÷	5	=	___	8	x	___	=	32
7	x	___	=	49	___	x	3	=	36
60	÷	12	=	___	72	÷	___	=	9

EXERCISE #58

• Mental Exercises •

44	÷	___	=	4		___	÷	12	=	11
___	x	1	=	2		8	x	1	=	___
56	÷	7	=	___		50	÷	___	=	5
33	÷	___	=	3		11	x	___	=	110
9	x	___	=	45		60	÷	___	=	6
___	x	12	=	84		4	÷	___	=	1
___	x	9	=	54		1	x	___	=	12
5	x	7	=	___		___	x	4	=	40
6	x	12	=	___		18	÷	___	=	3
3	x	___	=	24		3	÷	1	=	___
5	x	8	=	___		___	x	2	=	14
3	x	1	=	___		9	x	___	=	99
5	x	___	=	10		72	÷	___	=	8
___	x	8	=	96		88	÷	8	=	___
5	x	___	=	50		7	x	7	=	___
5	x	___	=	45		___	x	11	=	55
4	÷	___	=	2		___	÷	6	=	9
7	x	___	=	21		4	x	___	=	28

EXERCISE #59

• Mental Exercises •

___	x	3	=	9	___	x	12	=	12
8	x	___	=	16	___	x	6	=	72
11	x	3	=	___	60	÷	10	=	___
44	÷	___	=	11	18	÷	___	=	6
40	÷	8	=	___	110	÷	___	=	11
8	x	2	=	___	11	÷	1	=	___
40	÷	___	=	4	96	÷	___	=	12
11	x	8	=	___	6	÷	___	=	2
7	x	4	=	___	___	÷	5	=	3
32	÷	___	=	4	___	÷	3	=	8
3	x	___	=	33	11	x	___	=	33
25	÷	___	=	5	1	x	___	=	1
___	÷	11	=	12	___	x	6	=	30
9	x	12	=	___	10	x	9	=	___
6	x	1	=	___	2	x	___	=	2
9	x	___	=	81	___	x	12	=	96
5	x	11	=	___	11	x	11	=	___
77	÷	11	=	___	12	x	5	=	___

EXERCISE # 60

• Mental Exercises •

___ x 7 = 7	___ x 6 = 54
36 ÷ ___ = 4	4 x ___ = 20
___ x 6 = 18	14 ÷ 2 = ___
___ ÷ 5 = 1	___ ÷ 5 = 6
120 ÷ ___ = 10	63 ÷ ___ = 9
42 ÷ 6 = ___	66 ÷ ___ = 11
___ x 10 = 80	11 x ___ = 44
___ x 11 = 121	___ ÷ 7 = 5
1 x 11 = ___	1 x 12 = ___
90 ÷ 10 = ___	77 ÷ ___ = 7
11 x 6 = ___	2 ÷ ___ = 1
11 x ___ = 22	12 x 12 = ___
___ x 10 = 50	27 ÷ ___ = 3
___ x 10 = 20	63 ÷ 9 = ___
___ x 2 = 8	6 x ___ = 54
___ x 5 = 45	30 ÷ 5 = ___
24 ÷ ___ = 2	70 ÷ 10 = ___
11 ÷ ___ = 11	16 ÷ ___ = 8

EXERCISE # 61

• Mental Exercises •

___ ÷ 7 = 6	4 ÷ 4 = ___
___ ÷ 9 = 3	25 ÷ 5 = ___
4 x ___ = 12	121 ÷ ___ = 11
___ x 5 = 35	4 x 3 = ___
6 x 5 = ___	60 ÷ 6 = ___
___ x 1 = 1	24 ÷ ___ = 12
___ x 8 = 72	___ ÷ 12 = 7
___ ÷ 12 = 12	___ x 10 = 10
___ ÷ 9 = 1	10 ÷ ___ = 2
8 x 5 = ___	___ ÷ 7 = 1
8 x 3 = ___	11 x ___ = 66
120 ÷ ___ = 12	60 ÷ ___ = 12
9 ÷ ___ = 1	11 x ___ = 55
___ ÷ 12 = 6	7 ÷ 7 = ___
___ ÷ 2 = 1	11 x ___ = 99
___ x 6 = 66	5 x ___ = 55
___ x 8 = 48	___ x 4 = 28
___ ÷ 11 = 4	___ x 7 = 77

EXERCISE # 62

• Mental Exercises •

2	x	12	=	___	12	x	___	=	36
___	÷	2	=	3	12	x	___	=	120
2	x	___	=	8	___	x	2	=	6
10	÷	___	=	5	81	÷	___	=	9
___	÷	5	=	8	77	÷	___	=	11
4	x	1	=	___	10	x	4	=	___
8	÷	___	=	2	___	÷	10	=	4
___	÷	11	=	10	55	÷	___	=	5
___	x	4	=	8	80	÷	8	=	___
16	÷	8	=	___	30	÷	___	=	10
___	x	9	=	9	___	÷	2	=	12
___	x	1	=	6	___	x	6	=	6
108	÷	___	=	9	11	x	1	=	___
5	÷	1	=	___	___	x	11	=	88
9	x	___	=	90	___	÷	4	=	7
___	÷	8	=	8	___	÷	12	=	9
6	x	___	=	66	1	x	___	=	6
___	x	1	=	5	22	÷	2	=	___

EXERCISE #63

• Mental Exercises •

___	x	7	=	70	___	÷	4	=	12
___	÷	6	=	5	2	x	___	=	6
___	÷	5	=	5	5	x	___	=	15
24	÷	6	=	___	4	x	11	=	___
18	÷	6	=	___	___	x	5	=	15
5	÷	5	=	___	10	x	12	=	___
___	x	1	=	4	6	x	___	=	6
80	÷	___	=	8	___	÷	8	=	12
8	x	12	=	___	2	x	4	=	___
28	÷	7	=	___	6	÷	___	=	6
14	÷	___	=	2	___	x	6	=	42
3	÷	___	=	1	___	÷	3	=	5
___	÷	5	=	12	4	x	2	=	___
___	÷	12	=	3	5	x	___	=	25
50	÷	10	=	___	9	x	8	=	___
84	÷	___	=	12	8	x	___	=	88
___	÷	12	=	2	___	x	3	=	18
2	x	11	=	___	16	÷	2	=	___

EXERCISE # 64

• Mental Exercises •

2	x	8	=	___	28	÷	___	=	7
___	÷	7	=	9	___	x	12	=	72
12	÷	1	=	___	___	x	4	=	36
12	x	9	=	___	110	÷	___	=	10
96	÷	12	=	___	28	÷	4	=	___
___	x	3	=	33	5	x	___	=	60
___	x	6	=	12	___	÷	7	=	12
2	x	9	=	___	___	x	12	=	120
20	÷	10	=	___	___	÷	3	=	10
4	÷	___	=	4	11	x	___	=	77
___	x	11	=	99	___	÷	11	=	8
42	÷	___	=	7	63	÷	___	=	7
10	÷	5	=	___	___	x	11	=	44
20	÷	4	=	___	7	x	5	=	___
___	x	9	=	99	7	x	___	=	70
40	÷	___	=	5	11	x	___	=	132
___	x	11	=	66	___	x	12	=	48
___	÷	3	=	9	56	÷	8	=	___

Multiplication and Division (Book 1): Comprehensive Mental Exercises

EXERCISE #65

• Mental Exercises •

___	÷	9	=	11		40	÷	10	=	___
___	÷	8	=	11		2	x	___	=	20
4	x	___	=	8		110	÷	10	=	___
1	x	6	=	___		___	x	9	=	63
18	÷	9	=	___		___	x	8	=	8
6	x	___	=	24		3	x	3	=	___
8	x	9	=	___		___	x	6	=	48
3	x	4	=	___		___	x	1	=	10
4	x	12	=	___		___	x	4	=	32
6	x	___	=	30		12	÷	___	=	12
1	x	___	=	3		24	÷	2	=	___
11	x	7	=	___		___	÷	11	=	11
___	x	7	=	49		12	÷	3	=	___
___	÷	3	=	1		11	x	2	=	___
1	x	2	=	___		___	÷	7	=	10
5	x	___	=	20		24	÷	___	=	3
4	x	10	=	___		___	÷	1	=	4
___	x	10	=	30		12	÷	___	=	1

EXERCISE # 66

• Mental Exercises •

10 × ___ = 30	10 × 10 = ___
___ × 3 = 21	90 ÷ 9 = ___
5 × 1 = ___	2 × 1 = ___
10 × 5 = ___	3 ÷ ___ = 3
12 ÷ ___ = 4	7 × ___ = 7
___ ÷ 12 = 10	2 × ___ = 22
___ × 10 = 110	___ ÷ 8 = 2
10 × ___ = 70	___ × 4 = 12
___ ÷ 2 = 4	35 ÷ 5 = ___
20 ÷ ___ = 4	10 × ___ = 100
8 × ___ = 80	99 ÷ ___ = 9
40 ÷ 4 = ___	11 × ___ = 88
___ × 8 = 32	___ ÷ 6 = 1
6 × 4 = ___	8 ÷ ___ = 4
___ ÷ 8 = 7	1 × 9 = ___
60 ÷ ___ = 5	45 ÷ ___ = 5
___ × 2 = 24	12 × 3 = ___
44 ÷ 11 = ___	___ × 5 = 5

Multiplication and Division (Book 1): Comprehensive Mental Exercises

EXERCISE #67

• Mental Exercises •

6	÷	___	=	1		10	÷	2	=	___
110	÷	11	=	___		12	x	___	=	48
___	÷	9	=	2		3	÷	3	=	___
1	x	10	=	___		5	x	2	=	___
___	x	3	=	3		50	÷	___	=	10
2	x	5	=	___		64	÷	___	=	8
___	x	11	=	22		144	÷	12	=	___
2	÷	1	=	___		3	x	11	=	___
5	x	___	=	5		4	x	5	=	___
9	x	___	=	108		48	÷	4	=	___
10	x	6	=	___		9	x	4	=	___
___	x	6	=	24		___	÷	4	=	8
2	x	___	=	16		___	x	7	=	35
72	÷	___	=	6		___	x	5	=	40
96	÷	8	=	___		36	÷	9	=	___
___	÷	1	=	5		11	x	4	=	___
___	x	12	=	132		___	÷	9	=	4
3	x	5	=	___		1	x	4	=	___

EXERCISE # 68

• Mental Exercises •

32 ÷ ___ = 8	___ x 4 = 16
15 ÷ 5 = ___	50 ÷ 5 = ___
___ ÷ 6 = 10	___ x 3 = 12
7 x ___ = 84	___ x 10 = 60
6 x ___ = 72	1 x ___ = 4
___ x 10 = 90	11 x 5 = ___
10 x ___ = 110	7 x ___ = 77
10 ÷ ___ = 10	108 ÷ 12 = ___
___ x 5 = 20	___ ÷ 10 = 11
5 x 12 = ___	___ ÷ 4 = 4
___ ÷ 6 = 3	8 x ___ = 24
30 ÷ 3 = ___	3 x 6 = ___
___ x 12 = 108	8 ÷ 8 = ___
21 ÷ 3 = ___	___ ÷ 2 = 6
___ x 12 = 144	___ ÷ 11 = 3
49 ÷ 7 = ___	___ ÷ 10 = 6
22 ÷ ___ = 2	1 x ___ = 2
___ x 11 = 11	4 ÷ 1 = ___

EXERCISE #69

• Mental Exercises •

6	x	7	=	___	___	÷	9	=	6
108	÷	9	=	___	6	÷	6	=	___
1	x	___	=	11	___	x	12	=	24
35	÷	7	=	___	___	÷	7	=	4
99	÷	11	=	___	___	x	10	=	120
7	x	___	=	14	___	x	4	=	48
55	÷	___	=	11	8	x	7	=	___
4	x	6	=	___	___	x	9	=	36
24	÷	12	=	___	14	÷	7	=	___
18	÷	3	=	___	40	÷	___	=	8
70	÷	7	=	___	7	x	9	=	___
___	x	9	=	45	___	÷	4	=	11
___	x	12	=	36	6	÷	3	=	___
___	x	2	=	16	30	÷	6	=	___
24	÷	___	=	6	___	÷	3	=	11
10	x	3	=	___	12	x	4	=	___
3	x	___	=	3	48	÷	___	=	4
30	÷	___	=	3	5	x	___	=	30

EXERCISE #70

• Mental Exercises •

88	÷	___	=	11		9	x	___	=	9
___	÷	3	=	3		36	÷	4	=	___
___	÷	11	=	1		16	÷	4	=	___
21	÷	7	=	___		24	÷	4	=	___
4	x	___	=	40		21	÷	___	=	3
12	x	___	=	12		3	x	___	=	36
9	x	___	=	72		7	x	___	=	63
___	÷	2	=	9		10	x	11	=	___
___	x	5	=	55		56	÷	___	=	7
9	x	7	=	___		8	x	___	=	8
12	x	8	=	___		12	÷	___	=	6
2	x	___	=	18		66	÷	11	=	___
9	÷	1	=	___		___	÷	8	=	1
4	x	___	=	16		___	÷	11	=	5
2	x	___	=	14		___	x	11	=	33
12	÷	6	=	___		9	x	3	=	___
48	÷	___	=	8		1	x	3	=	___
___	÷	12	=	8		___	÷	2	=	2

EXERCISE #71

• Mental Exercises •

12	x	2	=	___	40	÷	5	=	___
___	÷	6	=	4	18	÷	___	=	2
84	÷	___	=	7	___	÷	10	=	12
54	÷	9	=	___	1	x	___	=	5
10	x	2	=	___	___	÷	2	=	11
11	x	___	=	11	___	÷	4	=	1
5	x	6	=	___	45	÷	___	=	9
5	÷	___	=	1	132	÷	___	=	12
9	x	10	=	___	___	÷	7	=	2
___	x	6	=	60	48	÷	___	=	6
10	÷	1	=	___	___	÷	12	=	1
30	÷	___	=	5	48	÷	8	=	___
9	÷	3	=	___	70	÷	___	=	10
___	x	11	=	132	4	x	7	=	___
12	÷	___	=	2	9	x	1	=	___
___	x	2	=	12	9	x	9	=	___
1	x	___	=	8	12	x	___	=	84
10	x	___	=	60	5	x	10	=	___

EXERCISE #72

• Mental Exercises •

7 x 1 = ___	9 ÷ ___ = 9
___ x 2 = 20	___ ÷ 10 = 3
132 ÷ 12 = ___	___ x 3 = 30
60 ÷ 5 = ___	___ ÷ 12 = 4
2 x 7 = ___	6 ÷ 1 = ___
7 x 12 = ___	___ ÷ 4 = 3
___ ÷ 6 = 8	2 ÷ 2 = ___
16 ÷ ___ = 2	2 x ___ = 10
___ x 2 = 10	___ x 5 = 10
9 x 2 = ___	70 ÷ ___ = 7
36 ÷ ___ = 3	49 ÷ ___ = 7
8 x ___ = 56	8 x ___ = 96
7 x 3 = ___	5 x 3 = ___
42 ÷ 7 = ___	___ ÷ 8 = 6
___ ÷ 3 = 6	___ ÷ 5 = 2
8 x 6 = ___	45 ÷ 9 = ___
32 ÷ 8 = ___	4 x ___ = 32
5 x ___ = 40	20 ÷ ___ = 10

EXERCISE #73

• Mental Exercises •

14	÷	7	=	___	121	÷	___	=	11
12	÷	1	=	___	60	÷	10	=	___
4	x	9	=	___	81	÷	___	=	9
96	÷	___	=	8	12	x	___	=	144
7	x	___	=	56	8	x	12	=	___
1	x	___	=	9	___	x	7	=	56
9	÷	3	=	___	56	÷	7	=	___
___	÷	11	=	9	6	x	6	=	___
80	÷	10	=	___	30	÷	___	=	5
42	÷	___	=	6	10	x	11	=	___
10	x	___	=	90	___	÷	11	=	12
21	÷	___	=	3	50	÷	5	=	___
___	x	11	=	55	___	÷	1	=	12
___	x	8	=	80	___	÷	2	=	10
9	÷	___	=	1	___	÷	6	=	3
12	x	4	=	___	24	÷	4	=	___
8	x	7	=	___	10	÷	___	=	2
2	x	1	=	___	36	÷	___	=	9

EXERCISE #74

• Mental Exercises •

72	÷	9	=	___	___	÷	3	=	1
40	÷	___	=	8	6	÷	1	=	___
___	÷	3	=	8	12	÷	2	=	___
2	x	2	=	___	___	x	12	=	84
___	x	1	=	4	50	÷	___	=	5
60	÷	___	=	12	___	x	9	=	18
___	x	10	=	80	___	÷	1	=	6
3	÷	___	=	3	4	÷	___	=	1
7	x	12	=	___	5	x	1	=	___
35	÷	___	=	5	6	x	11	=	___
___	÷	2	=	5	8	÷	4	=	___
9	÷	___	=	9	___	÷	5	=	7
___	÷	1	=	7	7	x	___	=	28
6	x	___	=	72	18	÷	___	=	6
63	÷	___	=	9	9	x	8	=	___
8	x	11	=	___	___	÷	9	=	6
2	x	8	=	___	11	x	6	=	___
99	÷	9	=	___	___	x	5	=	45

EXERCISE #75

• Mental Exercises •

6	÷	2	=	___	88	÷	___	=	8
___	÷	9	=	12	___	x	2	=	12
48	÷	___	=	12	84	÷	___	=	12
2	x	7	=	___	4	x	2	=	___
___	÷	6	=	12	___	÷	9	=	7
66	÷	11	=	___	36	÷	___	=	3
1	x	1	=	___	___	x	11	=	88
___	x	11	=	22	___	x	3	=	27
10	x	___	=	20	55	÷	___	=	11
___	x	4	=	20	12	÷	___	=	3
6	x	2	=	___	___	÷	10	=	7
___	x	10	=	110	84	÷	7	=	___
___	÷	11	=	10	11	x	___	=	77
22	÷	2	=	___	___	÷	7	=	2
___	÷	11	=	11	6	x	4	=	___
___	÷	2	=	7	5	x	12	=	___
___	x	5	=	55	3	x	___	=	33
___	÷	2	=	1	36	÷	___	=	6

EXERCISE # 76

• Mental Exercises •

80	÷	___	=	8		___	x	9	=	99
4	x	___	=	32		32	÷	4	=	___
5	x	6	=	___		___	x	7	=	63
1	x	___	=	12		___	x	10	=	40
7	x	___	=	21		___	x	1	=	11
8	x	___	=	80		10	x	2	=	___
44	÷	___	=	4		35	÷	7	=	___
___	÷	12	=	11		1	x	___	=	5
10	x	10	=	___		___	÷	3	=	11
5	x	___	=	10		21	÷	7	=	___
12	x	7	=	___		7	x	___	=	84
___	÷	7	=	6		5	x	7	=	___
8	÷	___	=	1		11	x	___	=	11
3	x	___	=	15		___	x	12	=	60
24	÷	2	=	___		4	x	11	=	___
___	÷	5	=	3		10	÷	___	=	10
33	÷	3	=	___		88	÷	___	=	11
40	÷	___	=	4		33	÷	___	=	11

EXERCISE #77

• Mental Exercises •

21	÷	___	=	7	28	÷	___	=	7
4	x	12	=	___	8	÷	___	=	2
2	÷	___	=	2	___	x	7	=	21
10	x	6	=	___	___	÷	9	=	5
4	x	___	=	36	11	x	___	=	121
___	x	12	=	36	4	÷	___	=	2
___	÷	7	=	4	12	x	___	=	132
1	x	___	=	6	5	÷	___	=	1
3	÷	1	=	___	11	x	9	=	___
1	x	8	=	___	48	÷	___	=	6
___	x	7	=	84	3	x	___	=	30
___	x	5	=	25	2	x	___	=	10
1	x	2	=	___	5	x	11	=	___
12	x	___	=	108	___	÷	11	=	5
11	x	___	=	132	___	x	5	=	35
5	x	4	=	___	___	x	11	=	132
7	x	___	=	42	30	÷	3	=	___
9	x	11	=	___	64	÷	___	=	8

EXERCISE #78

• Mental Exercises •

120	÷	___	=	10	5	x	___	=	55
___	÷	11	=	4	___	÷	3	=	4
96	÷	12	=	___	36	÷	9	=	___
40	÷	___	=	5	1	x	5	=	___
1	x	___	=	8	2	x	___	=	20
8	x	9	=	___	10	x	___	=	10
5	÷	1	=	___	___	÷	6	=	11
7	x	___	=	77	5	x	3	=	___
___	x	7	=	77	30	÷	___	=	3
2	÷	2	=	___	1	x	4	=	___
96	÷	8	=	___	___	÷	4	=	1
8	x	___	=	32	9	x	___	=	72
90	÷	___	=	9	12	÷	3	=	___
10	x	___	=	100	7	÷	1	=	___
2	x	___	=	18	7	x	10	=	___
___	x	9	=	63	8	x	___	=	48
63	÷	7	=	___	110	÷	10	=	___
24	÷	___	=	12	99	÷	___	=	11

Multiplication and Division (Book 1): Comprehensive Mental Exercises

EXERCISE #79

• Mental Exercises •

12	x	5	=	___	7	÷	___	=	1
3	x	5	=	___	3	x	12	=	___
___	x	2	=	8	6	x	___	=	66
___	x	12	=	48	45	÷	___	=	5
4	x	8	=	___	___	x	4	=	24
100	÷	___	=	10	3	x	1	=	___
16	÷	___	=	4	84	÷	12	=	___
5	÷	___	=	5	132	÷	___	=	11
___	x	9	=	27	___	x	4	=	12
48	÷	4	=	___	___	x	6	=	66
144	÷	12	=	___	___	x	6	=	42
9	x	___	=	108	11	x	3	=	___
120	÷	10	=	___	___	÷	4	=	4
___	÷	10	=	2	___	x	6	=	18
6	x	7	=	___	22	÷	___	=	2
16	÷	___	=	2	4	x	___	=	20
55	÷	5	=	___	2	x	___	=	4
6	x	___	=	42	___	x	8	=	48

EXERCISE # 80

• Mental Exercises •

45	÷	___	=	9		42	÷	7	= ___
___	÷	12	=	8		2	x	___	= 24
10	÷	___	=	1		___	x	6	= 72
9	x	12	=	___		110	÷	___	= 11
___	÷	11	=	6		___	÷	1	= 4
___	x	1	=	7		12	x	___	= 48
10	x	7	=	___		___	÷	1	= 5
___	x	8	=	24		___	x	5	= 40
___	÷	4	=	10		___	x	6	= 24
6	÷	3	=	___		8	÷	2	= ___
1	x	6	=	___		___	÷	9	= 11
___	x	4	=	48		___	÷	12	= 5
___	÷	9	=	3		___	x	4	= 40
72	÷	___	=	9		___	x	9	= 108
___	x	4	=	32		30	÷	___	= 10
___	÷	3	=	10		3	x	9	= ___
___	x	8	=	72		12	x	12	= ___
5	x	___	=	15		11	x	10	= ___

Multiplication and Division (Book 1): Comprehensive Mental Exercises

EXERCISE #81

• Mental Exercises •

___ ÷ 5 = 12	12 ÷ ___ = 12
25 ÷ 5 = ___	9 x ___ = 9
5 x 5 = ___	___ x 3 = 18
60 ÷ 12 = ___	5 x ___ = 25
2 ÷ 1 = ___	12 x ___ = 36
9 x 6 = ___	___ x 11 = 121
___ x 6 = 54	72 ÷ ___ = 12
1 ÷ ___ = 1	9 x 7 = ___
___ x 12 = 12	___ x 11 = 44
___ x 2 = 14	108 ÷ 9 = ___
3 x ___ = 3	20 ÷ ___ = 5
60 ÷ ___ = 5	7 x 7 = ___
3 x ___ = 18	___ ÷ 3 = 7
___ ÷ 4 = 7	70 ÷ 7 = ___
6 x 12 = ___	___ x 10 = 60
9 x ___ = 90	55 ÷ 11 = ___
___ ÷ 12 = 2	___ ÷ 7 = 7
___ x 7 = 49	60 ÷ ___ = 6

EXERCISE # 82

• Mental Exercises •

15	÷	___	=	5	3	x	11	=	___
4	x	___	=	12	___	÷	2	=	9
54	÷	___	=	9	11	x	___	=	99
11	x	7	=	___	___	x	3	=	33
___	x	8	=	40	9	x	2	=	___
7	x	___	=	70	56	÷	8	=	___
6	x	___	=	48	___	x	6	=	60
24	÷	___	=	4	6	x	10	=	___
24	÷	12	=	___	27	÷	3	=	___
6	x	1	=	___	1	x	3	=	___
4	÷	1	=	___	77	÷	___	=	11
___	x	5	=	5	___	÷	7	=	5
6	x	___	=	36	11	x	___	=	110
11	x	4	=	___	10	x	3	=	___
___	÷	5	=	1	10	x	12	=	___
10	x	___	=	60	___	÷	6	=	5
2	x	___	=	14	8	x	___	=	24
6	x	___	=	60	___	x	1	=	12

Multiplication and Division (Book 1): Comprehensive Mental Exercises

EXERCISE #83

• Mental Exercises •

44	÷	___	=	11	___	x	1	=	9
10	÷	1	=	___	6	x	8	=	___
10	÷	10	=	___	7	x	___	=	14
___	x	8	=	88	8	x	___	=	16
___	x	12	=	144	5	÷	5	=	___
90	÷	10	=	___	8	x	6	=	___
5	x	___	=	5	___	x	4	=	8
10	÷	___	=	5	___	÷	8	=	1
___	÷	4	=	8	2	x	___	=	16
___	x	11	=	11	3	x	6	=	___
1	x	11	=	___	45	÷	9	=	___
___	x	4	=	28	3	x	4	=	___
8	x	___	=	96	___	x	2	=	18
72	÷	___	=	8	___	x	3	=	30
___	x	5	=	60	___	x	2	=	10
40	÷	4	=	___	72	÷	12	=	___
88	÷	8	=	___	96	÷	___	=	12
40	÷	8	=	___	63	÷	___	=	7

EXERCISE # 84

• Mental Exercises •

10	x	___	=	120	___	÷	6	=	2
___	÷	11	=	2	___	x	1	=	1
1	x	___	=	3	___	÷	9	=	8
___	÷	8	=	9	40	÷	10	=	___
63	÷	9	=	___	30	÷	6	=	___
3	x	___	=	6	3	x	2	=	___
70	÷	___	=	10	___	÷	12	=	9
90	÷	9	=	___	60	÷	5	=	___
1	x	9	=	___	48	÷	6	=	___
___	x	11	=	77	2	÷	___	=	1
21	÷	3	=	___	___	÷	10	=	6
5	x	10	=	___	20	÷	4	=	___
9	÷	___	=	3	12	x	___	=	120
25	÷	___	=	5	6	x	___	=	30
30	÷	___	=	6	___	÷	3	=	5
20	÷	2	=	___	___	÷	2	=	6
___	x	11	=	33	___	x	12	=	108
50	÷	___	=	10	6	x	___	=	18

EXERCISE #85

• Mental Exercises •

7 × ___ = 7	5 × ___ = 40
1 ÷ 1 = ___	___ ÷ 1 = 2
___ ÷ 4 = 5	9 × 4 = ___
32 ÷ ___ = 4	___ ÷ 12 = 7
121 ÷ 11 = ___	___ ÷ 6 = 4
4 × 10 = ___	8 × ___ = 40
___ × 9 = 36	7 × ___ = 49
12 × 3 = ___	35 ÷ ___ = 7
___ ÷ 7 = 10	132 ÷ 12 = ___
___ × 2 = 2	7 × 6 = ___
___ × 8 = 32	6 × ___ = 24
___ × 8 = 8	10 × ___ = 80
72 ÷ ___ = 6	49 ÷ 7 = ___
12 × 10 = ___	64 ÷ 8 = ___
81 ÷ 9 = ___	84 ÷ ___ = 7
4 ÷ ___ = 4	72 ÷ 8 = ___
___ × 7 = 28	___ ÷ 11 = 1
20 ÷ ___ = 4	___ × 6 = 12

EXERCISE #86

• Mental Exercises •

15	÷	___	=	3		12	x	8	=	___
___	x	5	=	30		4	x	___	=	48
___	x	6	=	36		10	x	___	=	70
9	x	___	=	99		11	x	___	=	55
24	÷	8	=	___		___	÷	12	=	3
___	x	7	=	42		7	x	1	=	___
1	x	12	=	___		___	÷	2	=	12
2	x	___	=	22		___	x	9	=	45
___	÷	4	=	11		2	x	___	=	8
3	x	8	=	___		___	x	6	=	30
___	÷	12	=	10		___	x	9	=	90
5	x	9	=	___		6	x	___	=	12
11	x	___	=	22		54	÷	9	=	___
4	x	___	=	24		___	x	4	=	36
___	÷	7	=	3		1	x	___	=	10
___	÷	10	=	9		___	x	4	=	16
___	÷	8	=	5		4	x	___	=	8
60	÷	6	=	___		4	x	___	=	40

Multiplication and Division (Book 1): Comprehensive Mental Exercises

EXERCISE #87

• Mental Exercises •

___	x	8	=	16	42	÷	6	= ___
36	÷	___	=	12	100	÷	10	= ___
20	÷	___	=	2	___	x	1	= 3
___	x	2	=	22	4	x	3	= ___
36	÷	___	=	4	48	÷	___	= 4
9	÷	9	=	___	___	x	12	= 72
8	x	___	=	8	24	÷	3	= ___
___	x	6	=	48	36	÷	12	= ___
2	x	___	=	6	___	x	1	= 2
4	x	___	=	44	___	÷	9	= 10
8	x	2	=	___	77	÷	11	= ___
___	x	9	=	72	4	÷	4	= ___
___	x	10	=	90	___	÷	5	= 4
___	÷	4	=	9	6	÷	___	= 1
4	x	___	=	4	3	x	___	= 21
2	x	10	=	___	___	x	10	= 100
5	x	8	=	___	8	x	___	= 88
72	÷	6	=	___	18	÷	3	= ___

EXERCISE #88

• Mental Exercises •

11	x	___	=	88	___	x	7	=	7
___	÷	5	=	5	___	÷	2	=	2
___	÷	6	=	8	45	÷	5	=	___
5	x	2	=	___	___	x	5	=	20
___	÷	6	=	10	11	÷	___	=	1
108	÷	12	=	___	11	x	8	=	___
48	÷	12	=	___	32	÷	___	=	8
3	x	___	=	12	2	x	___	=	2
___	x	3	=	36	6	÷	___	=	2
___	x	7	=	35	___	÷	4	=	3
___	x	9	=	81	110	÷	11	=	___
11	x	12	=	___	18	÷	___	=	3
___	÷	8	=	11	8	x	___	=	72
___	x	3	=	6	10	÷	5	=	___
___	÷	2	=	8	___	x	12	=	96
12	÷	4	=	___	___	x	9	=	9
6	x	9	=	___	___	÷	5	=	11
1	x	___	=	7	6	x	5	=	___

EXERCISE #89

• Mental Exercises •

___	x	3	=	21	___	÷	1	=	9
9	x	___	=	54	120	÷	12	=	___
44	÷	11	=	___	___	x	3	=	12
12	÷	___	=	4	48	÷	8	=	___
8	÷	8	=	___	66	÷	___	=	6
___	x	8	=	96	3	x	___	=	24
___	÷	3	=	9	1	x	7	=	___
___	÷	5	=	8	36	÷	4	=	___
___	÷	3	=	3	___	x	9	=	54
10	x	___	=	50	___	÷	4	=	12
3	x	___	=	27	___	x	11	=	110
1	x	___	=	1	48	÷	___	=	8
___	÷	8	=	6	12	x	___	=	72
___	÷	1	=	8	___	x	5	=	10
___	x	2	=	16	18	÷	6	=	___
15	÷	3	=	___	11	÷	___	=	11
50	÷	10	=	___	3	÷	___	=	1
33	÷	___	=	3	1	x	___	=	2

EXERCISE # 90

• Mental Exercises •

56 ÷ ___ = 7		18 ÷ ___ = 2
99 ÷ 11 = ___		54 ÷ ___ = 6
___ ÷ 8 = 12		___ ÷ 10 = 1
___ ÷ 6 = 7		___ ÷ 10 = 4
8 ÷ ___ = 4		___ ÷ 6 = 9
___ ÷ 6 = 1		9 x ___ = 36
___ ÷ 8 = 10		5 x ___ = 20
___ ÷ 9 = 1		12 x ___ = 12
70 ÷ 10 = ___		108 ÷ ___ = 12
2 x 6 = ___		___ x 7 = 14
12 ÷ 12 = ___		77 ÷ ___ = 7
___ ÷ 4 = 2		7 x 2 = ___
8 x 5 = ___		2 x ___ = 12
36 ÷ 3 = ___		11 x 5 = ___
40 ÷ 5 = ___		9 x ___ = 63
24 ÷ ___ = 8		3 x ___ = 9
4 x ___ = 28		28 ÷ ___ = 4
9 x ___ = 27		11 x ___ = 33

Multiplication and Division (Book 1): Comprehensive Mental Exercises

EXERCISE #91

• Mental Exercises •

10	x	9	=	___		___	÷	8	=	4
55	÷	___	=	5		7	x	11	=	___
132	÷	11	=	___		27	÷	9	=	___
___	÷	5	=	9		2	x	12	=	___
12	x	___	=	60		66	÷	___	=	11
3	x	___	=	36		1	x	___	=	11
36	÷	6	=	___		___	÷	12	=	6
12	x	___	=	84		___	÷	9	=	2
30	÷	10	=	___		2	x	3	=	___
12	x	9	=	___		7	x	___	=	35
5	x	___	=	45		___	x	10	=	70
27	÷	___	=	3		___	÷	9	=	9
7	÷	7	=	___		___	x	8	=	56
10	x	___	=	110		10	÷	2	=	___
___	x	12	=	120		20	÷	5	=	___
___	x	10	=	50		44	÷	4	=	___
___	÷	10	=	8		9	x	___	=	81
1	x	10	=	___		___	÷	10	=	10

EXERCISE # 92

• Mental Exercises •

8	÷	___	=	8	77	÷	7	=	___
___	x	2	=	24	33	÷	11	=	___
28	÷	7	=	___	___	x	1	=	5
___	x	3	=	15	___	÷	2	=	3
14	÷	___	=	2	20	÷	___	=	10
7	x	4	=	___	___	÷	8	=	8
___	÷	3	=	2	8	x	___	=	56
11	x	___	=	66	12	x	11	=	___
16	÷	8	=	___	___	÷	11	=	8
5	x	___	=	35	___	÷	7	=	9
___	÷	10	=	3	8	x	8	=	___
___	x	3	=	9	8	x	4	=	___
8	x	___	=	64	4	x	7	=	___
24	÷	___	=	3	2	x	11	=	___
___	x	12	=	24	2	x	4	=	___
3	x	10	=	___	90	÷	___	=	10
14	÷	___	=	7	110	÷	___	=	10
11	x	2	=	___	20	÷	10	=	___

EXERCISE #93

• Mental Exercises •

7	x	3	=	___	6	÷	___	=	3
___	x	4	=	44	___	÷	3	=	6
___	x	2	=	4	8	x	3	=	___
11	x	11	=	___	18	÷	9	=	___
10	x	___	=	30	___	x	1	=	10
___	x	11	=	66	___	x	3	=	3
8	÷	1	=	___	3	x	7	=	___
32	÷	8	=	___	11	÷	11	=	___
___	x	1	=	8	___	x	8	=	64
___	x	10	=	10	3	x	3	=	___
___	÷	12	=	12	___	÷	10	=	11
144	÷	___	=	12	___	÷	8	=	3
88	÷	11	=	___	9	x	___	=	45
___	÷	11	=	3	42	÷	___	=	7
___	÷	7	=	1	12	x	___	=	96
6	x	___	=	54	___	x	7	=	70
56	÷	___	=	8	6	÷	___	=	6
10	x	5	=	___	66	÷	6	=	___

EXERCISE #94

• Mental Exercises •

9 × 9 = ___	___ × 3 = 24
24 ÷ ___ = 6	99 ÷ ___ = 9
___ × 4 = 4	18 ÷ ___ = 9
24 ÷ ___ = 2	___ ÷ 2 = 11
___ ÷ 8 = 7	12 ÷ ___ = 6
10 × 8 = ___	___ × 10 = 20
16 ÷ 4 = ___	12 ÷ ___ = 2
___ ÷ 5 = 10	___ ÷ 1 = 10
7 × 5 = ___	9 × 10 = ___
9 × ___ = 18	12 ÷ 6 = ___
___ × 10 = 120	___ ÷ 3 = 12
9 ÷ 1 = ___	15 ÷ 5 = ___
108 ÷ ___ = 9	6 × 3 = ___
120 ÷ ___ = 12	10 × 1 = ___
7 × ___ = 63	1 × ___ = 4
40 ÷ ___ = 10	10 × 4 = ___
___ × 5 = 15	___ ÷ 1 = 1
12 × ___ = 24	___ × 6 = 6

EXERCISE #95

• Mental Exercises •

9	x	3	=	___	4	x	___	=	16
2	x	9	=	___	16	÷	___	=	8
2	x	5	=	___	___	÷	1	=	11
___	÷	7	=	12	___	÷	5	=	2
4	x	6	=	___	4	x	4	=	___
9	x	5	=	___	12	x	2	=	___
11	x	1	=	___	___	÷	7	=	11
12	÷	___	=	1	___	x	2	=	20
27	÷	___	=	9	___	÷	12	=	1
___	÷	10	=	5	___	÷	12	=	4
7	x	9	=	___	24	÷	6	=	___
7	÷	___	=	7	___	÷	8	=	2
5	x	___	=	50	___	x	1	=	6
80	÷	___	=	10	4	x	5	=	___
___	x	5	=	50	28	÷	4	=	___
6	÷	6	=	___	___	÷	2	=	4
49	÷	___	=	7	6	x	___	=	6
___	x	10	=	30	___	÷	9	=	4

EXERCISE # 96

• Mental Exercises •

132	÷	___	=	12		8	x	10	=	___
14	÷	2	=	___		___	÷	11	=	7
16	÷	2	=	___		___	÷	10	=	12
___	x	12	=	132		9	x	1	=	___
___	÷	6	=	6		22	÷	11	=	___
4	x	1	=	___		80	÷	8	=	___
___	x	11	=	99		7	x	8	=	___
3	÷	3	=	___		54	÷	6	=	___
10	x	___	=	40		18	÷	2	=	___
70	÷	___	=	7		5	x	___	=	30
4	÷	2	=	___		5	x	___	=	60
___	x	2	=	6		35	÷	5	=	___
12	x	1	=	___		60	÷	___	=	10
___	÷	7	=	8		___	÷	4	=	6
8	x	1	=	___		11	÷	1	=	___
___	÷	1	=	3		30	÷	5	=	___
11	x	___	=	44		___	÷	5	=	6
12	x	6	=	___		22	÷	___	=	11

Multiplication and Division (Book 1): Comprehensive Mental Exercises

EXERCISE #97

• Mental Exercises •

9	x	___	=	72		___	÷	11	=	5
___	x	1	=	3		7	x	3	=	___
10	x	9	=	___		84	÷	___	=	12
___	x	2	=	20		___	÷	1	=	12
48	÷	___	=	6		___	x	6	=	48
12	x	7	=	___		4	x	3	=	___
96	÷	12	=	___		84	÷	7	=	___
10	x	12	=	___		9	x	7	=	___
96	÷	___	=	8		7	x	___	=	14
9	x	___	=	81		55	÷	___	=	5
___	÷	5	=	1		100	÷	10	=	___
12	x	___	=	144		___	x	7	=	7
15	÷	3	=	___		6	x	4	=	___
4	x	9	=	___		72	÷	___	=	12
6	x	8	=	___		___	x	6	=	60
___	÷	10	=	2		___	÷	9	=	12
12	÷	6	=	___		___	x	3	=	21
4	x	___	=	12		48	÷	___	=	4

EXERCISE # 98

• Mental Exercises •

8 x 8 = ___	3 x ___ = 21
12 x ___ = 108	56 ÷ ___ = 8
___ ÷ 12 = 3	32 ÷ ___ = 8
1 ÷ ___ = 1	9 x 11 = ___
___ ÷ 11 = 2	12 x 11 = ___
99 ÷ 11 = ___	___ x 3 = 12
___ x 5 = 45	8 x 12 = ___
132 ÷ 12 = ___	___ x 4 = 24
___ x 12 = 84	___ x 7 = 84
24 ÷ 4 = ___	1 x ___ = 3
30 ÷ 3 = ___	28 ÷ 7 = ___
110 ÷ 11 = ___	6 ÷ ___ = 2
___ ÷ 12 = 1	___ ÷ 6 = 2
12 x 1 = ___	___ x 6 = 72
60 ÷ 10 = ___	6 x 3 = ___
45 ÷ 5 = ___	___ ÷ 4 = 12
10 x ___ = 40	100 ÷ ___ = 10
___ x 10 = 70	21 ÷ 3 = ___

Multiplication and Division (Book 1): Comprehensive Mental Exercises

EXERCISE #99

• Mental Exercises •

40	÷	___	=	8	___	÷	6	=	3
___	x	12	=	144	20	÷	___	=	5
___	x	12	=	60	10	x	___	=	10
12	x	10	=	___	___	÷	9	=	6
18	÷	___	=	2	1	x	1	=	___
___	x	8	=	88	___	÷	6	=	6
5	x	___	=	50	132	÷	___	=	12
___	x	3	=	3	___	x	11	=	66
9	x	___	=	108	4	x	5	=	___
110	÷	___	=	11	___	÷	11	=	6
54	÷	___	=	9	24	÷	3	=	___
___	÷	3	=	6	___	x	8	=	64
___	÷	10	=	4	___	x	3	=	18
___	x	4	=	48	4	x	11	=	___
3	x	4	=	___	___	÷	11	=	4
___	x	5	=	25	___	÷	2	=	11
8	x	___	=	96	8	x	5	=	___
11	x	3	=	___	___	x	10	=	110

EXERCISE #100

• Mental Exercises •

8	x	___	=	8	70	÷	7	=	___
___	÷	1	=	6	___	x	7	=	63
9	x	___	=	36	___	x	11	=	110
___	÷	5	=	8	8	÷	___	=	1
2	x	7	=	___	5	x	5	=	___
___	x	5	=	20	108	÷	___	=	12
64	÷	___	=	8	7	x	___	=	84
___	÷	1	=	2	1	x	6	=	___
22	÷	___	=	11	___	÷	4	=	11
3	x	___	=	27	___	÷	2	=	6
3	x	12	=	___	5	x	___	=	35
25	÷	5	=	___	11	x	___	=	55
72	÷	___	=	6	27	÷	___	=	9
12	÷	3	=	___	___	÷	5	=	7
11	x	___	=	88	55	÷	5	=	___
84	÷	___	=	7	5	x	10	=	___
___	x	5	=	35	___	x	10	=	30
2	x	___	=	16	___	÷	9	=	5

Multiplication and Division (Book 1): Comprehensive Mental Exercises

EXERCISE #101

• Mental Exercises •

7	x	___	=	49		___	÷	12	=	7
___	x	2	=	12		___	x	6	=	18
35	÷	5	=	___		___	x	11	=	99
___	÷	3	=	8		8	x	2	=	___
7	÷	___	=	7		8	x	___	=	88
___	x	10	=	50		7	x	12	=	___
___	x	8	=	80		60	÷	___	=	10
11	x	___	=	44		8	x	3	=	___
4	x	___	=	32		6	x	9	=	___
120	÷	___	=	12		48	÷	___	=	8
___	x	9	=	81		10	÷	2	=	___
5	÷	___	=	5		7	x	10	=	___
5	÷	___	=	1		6	x	7	=	___
4	÷	___	=	2		18	÷	___	=	6
___	÷	9	=	10		3	x	___	=	9
24	÷	2	=	___		35	÷	___	=	5
12	x	8	=	___		___	x	10	=	20
___	x	3	=	6		___	x	7	=	42

EXERCISE #102

• Mental Exercises •

___ ÷ 12 = 8	___ x 2 = 2
5 x ___ = 60	___ ÷ 5 = 10
___ ÷ 10 = 9	36 ÷ ___ = 4
___ x 11 = 77	4 x ___ = 8
30 ÷ 5 = ___	___ ÷ 9 = 9
___ x 1 = 10	___ ÷ 11 = 12
___ x 1 = 2	15 ÷ ___ = 5
10 x 10 = ___	56 ÷ ___ = 7
___ x 10 = 40	44 ÷ 4 = ___
6 ÷ ___ = 3	___ x 8 = 24
27 ÷ ___ = 3	6 x ___ = 12
5 x ___ = 40	___ ÷ 12 = 2
2 x ___ = 22	9 x ___ = 54
6 x 5 = ___	___ x 9 = 18
5 x ___ = 45	6 ÷ ___ = 6
16 ÷ 2 = ___	___ x 1 = 8
___ ÷ 4 = 4	4 x 2 = ___
___ ÷ 10 = 5	___ x 3 = 36

EXERCISE #103

• Mental Exercises •

99	÷	___	=	9	___	x	4	=	44
3	÷	1	=	___	33	÷	___	=	3
9	x	10	=	___	11	x	___	=	121
81	÷	9	=	___	___	÷	1	=	11
5	x	___	=	25	5	x	3	=	___
___	÷	5	=	2	___	÷	2	=	8
42	÷	7	=	___	80	÷	___	=	8
10	x	___	=	80	80	÷	8	=	___
44	÷	___	=	11	144	÷	12	=	___
54	÷	9	=	___	___	x	10	=	10
110	÷	___	=	10	___	x	10	=	100
___	x	5	=	10	66	÷	11	=	___
8	x	7	=	___	___	x	9	=	99
3	x	___	=	24	42	÷	6	=	___
3	x	___	=	33	___	x	1	=	5
___	÷	7	=	12	3	÷	___	=	1
___	x	8	=	40	1	x	5	=	___
6	x	___	=	30	___	÷	3	=	3

EXERCISE #104

• Mental Exercises •

1	x	___	=	12	___	x	4	=	8
8	x	___	=	40	12	÷	12	=	___
___	÷	7	=	9	6	x	12	=	___
___	÷	4	=	10	33	÷	___	=	11
16	÷	___	=	4	9	x	3	=	___
___	÷	5	=	5	11	x	2	=	___
___	x	2	=	8	1	÷	1	=	___
___	x	4	=	16	___	÷	12	=	12
40	÷	8	=	___	55	÷	___	=	11
10	x	5	=	___	30	÷	___	=	6
10	x	8	=	___	18	÷	9	=	___
___	÷	10	=	6	21	÷	7	=	___
2	x	4	=	___	6	x	___	=	6
12	÷	4	=	___	12	÷	1	=	___
10	÷	1	=	___	20	÷	5	=	___
___	x	8	=	32	11	x	___	=	77
11	x	6	=	___	3	x	___	=	15
___	x	8	=	96	99	÷	___	=	11

EXERCISE #105

• Mental Exercises •

10	x	11	=	___	10	x	___	=	20
20	÷	4	=	___	___	÷	1	=	7
2	x	___	=	20	___	÷	7	=	1
7	x	2	=	___	5	x	1	=	___
___	÷	8	=	7	6	x	___	=	36
6	x	___	=	60	2	÷	1	=	___
___	÷	2	=	5	1	x	10	=	___
2	÷	___	=	2	___	÷	12	=	4
11	x	___	=	33	___	x	9	=	9
6	÷	1	=	___	___	÷	12	=	6
___	x	5	=	55	9	x	___	=	99
1	x	9	=	___	2	x	1	=	___
10	x	___	=	120	___	x	7	=	56
30	÷	___	=	5	___	x	6	=	12
___	x	10	=	80	___	÷	10	=	3
40	÷	___	=	10	___	÷	8	=	3
42	÷	___	=	6	___	x	3	=	9
6	x	___	=	18	11	x	8	=	___

EXERCISE #106

• Mental Exercises •

9	x	1	=	___	6	x	10	=	___
9	x	___	=	90	81	÷	___	=	9
9	÷	1	=	___	___	x	11	=	33
11	x	7	=	___	90	÷	10	=	___
___	÷	8	=	5	11	x	___	=	22
8	x	___	=	72	8	x	___	=	24
___	÷	3	=	2	___	x	11	=	121
50	÷	___	=	5	70	÷	10	=	___
10	÷	5	=	___	36	÷	___	=	3
___	÷	3	=	12	___	÷	10	=	11
3	x	6	=	___	11	x	10	=	___
___	÷	7	=	10	25	÷	___	=	5
___	÷	1	=	1	72	÷	9	=	___
3	÷	3	=	___	5	x	___	=	15
___	÷	7	=	7	___	÷	10	=	8
24	÷	___	=	3	___	÷	2	=	7
4	x	1	=	___	27	÷	9	=	___
___	x	8	=	8	7	x	5	=	___

EXERCISE #107

• Mental Exercises •

5	x	___	=	55		___	÷	12	=	10
5	x	7	=	___		2	x	2	=	___
4	x	7	=	___		___	÷	6	=	5
___	x	8	=	48		7	x	___	=	35
77	÷	7	=	___		9	x	8	=	___
1	x	___	=	1		77	÷	11	=	___
4	x	___	=	48		___	x	7	=	28
12	x	12	=	___		___	÷	7	=	2
___	÷	1	=	9		14	÷	___	=	7
___	÷	11	=	9		___	x	4	=	20
6	x	___	=	72		2	x	10	=	___
20	÷	___	=	2		12	÷	___	=	4
___	x	4	=	32		1	x	8	=	___
7	÷	1	=	___		12	÷	___	=	2
4	÷	1	=	___		1	x	3	=	___
___	÷	1	=	5		144	÷	___	=	12
16	÷	8	=	___		4	x	___	=	4
___	x	1	=	7		11	x	___	=	132

EXERCISE #108

• Mental Exercises •

___ ÷ 5 = 3	24 ÷ 8 = ___
2 x ___ = 14	24 ÷ ___ = 12
___ x 3 = 27	___ x 1 = 1
11 x ___ = 110	___ x 7 = 49
10 ÷ ___ = 1	6 x ___ = 54
___ x 3 = 30	___ ÷ 7 = 4
___ ÷ 5 = 12	___ ÷ 8 = 1
4 ÷ ___ = 1	7 x 6 = ___
18 ÷ 3 = ___	8 x 11 = ___
9 x ___ = 27	9 ÷ ___ = 9
88 ÷ ___ = 8	___ x 9 = 63
7 x 9 = ___	9 x ___ = 9
___ x 2 = 10	30 ÷ 6 = ___
2 x 9 = ___	64 ÷ 8 = ___
32 ÷ ___ = 4	7 x ___ = 7
___ x 12 = 120	66 ÷ ___ = 6
1 x 12 = ___	9 ÷ 3 = ___
___ ÷ 1 = 8	20 ÷ ___ = 10

EXERCISE #109

• Mental Exercises •

72	÷	12	=	___	6	x	2	=	___
___	x	5	=	30	50	÷	___	=	10
12	x	___	=	84	6	x	6	=	___
10	x	6	=	___	24	÷	6	=	___
16	÷	4	=	___	12	÷	___	=	3
1	x	___	=	11	5	x	___	=	20
___	x	5	=	50	9	x	4	=	___
5	x	2	=	___	9	x	12	=	___
5	x	___	=	10	55	÷	11	=	___
1	x	2	=	___	54	÷	6	=	___
11	x	1	=	___	10	x	___	=	30
___	÷	8	=	2	___	÷	5	=	11
72	÷	6	=	___	30	÷	___	=	10
6	x	___	=	48	___	x	7	=	21
32	÷	4	=	___	80	÷	10	=	___
48	÷	6	=	___	9	÷	___	=	1
___	÷	9	=	8	40	÷	___	=	4
11	x	9	=	___	___	x	4	=	40

EXERCISE #110

• Mental Exercises •

8	÷	4	=	___		8	x	4	=	___
___	÷	4	=	6		3	x	7	=	___
___	÷	3	=	10		___	÷	2	=	3
15	÷	5	=	___		36	÷	9	=	___
7	÷	___	=	1		12	x	___	=	12
8	x	___	=	16		3	x	___	=	12
9	x	___	=	45		8	x	___	=	80
77	÷	___	=	7		___	x	6	=	36
1	x	4	=	___		24	÷	___	=	8
60	÷	5	=	___		___	÷	4	=	2
___	÷	11	=	8		7	x	4	=	___
8	÷	8	=	___		___	÷	2	=	1
10	x	___	=	110		2	x	___	=	10
___	x	9	=	27		___	÷	11	=	7
22	÷	___	=	2		8	x	___	=	32
72	÷	8	=	___		12	x	___	=	60
7	x	___	=	28		4	÷	___	=	4
10	x	___	=	70		24	÷	___	=	6

EXERCISE #111

• Mental Exercises •

___ × 10 = 90	___ × 7 = 70
3 × ___ = 3	14 ÷ 7 = ___
___ × 2 = 24	___ ÷ 9 = 3
10 × 1 = ___	2 ÷ ___ = 1
___ × 12 = 132	3 × 5 = ___
1 × ___ = 10	24 ÷ ___ = 2
___ ÷ 7 = 5	___ × 7 = 35
3 × ___ = 30	9 × 6 = ___
3 × ___ = 18	___ ÷ 2 = 10
8 ÷ ___ = 2	4 × 4 = ___
5 × ___ = 30	2 × ___ = 12
21 ÷ ___ = 3	2 × ___ = 4
33 ÷ 11 = ___	___ ÷ 6 = 11
6 ÷ 3 = ___	50 ÷ 5 = ___
2 × 3 = ___	1 × ___ = 6
28 ÷ ___ = 4	___ × 12 = 96
___ × 1 = 11	___ ÷ 6 = 8
5 × 11 = ___	27 ÷ 3 = ___

EXERCISE #112

• Mental Exercises •

1	x	___	=	9	33	÷	3	=	___
___	x	12	=	24	___	÷	4	=	5
___	x	9	=	72	36	÷	___	=	9
5	x	___	=	5	___	x	1	=	12
___	÷	8	=	11	10	÷	___	=	2
36	÷	___	=	12	1	x	___	=	5
___	x	1	=	4	77	÷	___	=	11
12	÷	___	=	1	20	÷	10	=	___
49	÷	7	=	___	___	÷	4	=	7
___	÷	2	=	9	5	x	4	=	___
___	÷	3	=	1	3	x	1	=	___
66	÷	6	=	___	35	÷	7	=	___
3	x	2	=	___	8	÷	1	=	___
66	÷	___	=	11	60	÷	___	=	6
12	x	___	=	36	8	÷	___	=	4
6	x	___	=	42	___	x	12	=	72
3	x	9	=	___	6	x	___	=	24
11	÷	1	=	___	4	÷	2	=	___

EXERCISE #113

• Mental Exercises •

___	x	4	=	36	3	x	8	=	___
___	÷	9	=	2	___	x	6	=	66
8	x	10	=	___	1	x	7	=	___
24	÷	___	=	4	9	x	9	=	___
___	x	2	=	18	___	÷	6	=	10
___	x	12	=	48	10	÷	___	=	10
___	x	6	=	42	___	÷	2	=	4
___	÷	9	=	4	40	÷	___	=	5
6	x	11	=	___	___	÷	2	=	2
28	÷	4	=	___	63	÷	7	=	___
8	x	1	=	___	7	x	___	=	42
11	x	12	=	___	44	÷	11	=	___
18	÷	2	=	___	40	÷	10	=	___
49	÷	___	=	7	99	÷	9	=	___
___	÷	7	=	6	120	÷	12	=	___
___	x	3	=	33	___	x	1	=	9
___	÷	11	=	10	___	x	1	=	6
___	x	6	=	24	___	÷	8	=	8

EXERCISE #114

• Mental Exercises •

56	÷	7	=	___	18	÷	6	= ___
11	÷	11	=	___	___	÷	3	= 11
35	÷	___	=	7	2	x	6	= ___
3	x	11	=	___	30	÷	10	= ___
36	÷	12	=	___	___	÷	6	= 9
45	÷	___	=	5	7	x	___	= 63
___	x	6	=	6	70	÷	___	= 7
1	x	___	=	7	42	÷	___	= 7
9	x	___	=	18	___	x	2	= 6
10	x	2	=	___	45	÷	___	= 9
___	÷	11	=	11	11	x	___	= 11
108	÷	12	=	___	32	÷	8	= ___
___	x	2	=	4	___	÷	4	= 9
___	x	7	=	77	4	x	12	= ___
96	÷	___	=	12	11	x	5	= ___
4	x	___	=	20	5	÷	1	= ___
60	÷	___	=	5	8	x	9	= ___
21	÷	___	=	7	___	x	2	= 22

EXERCISE #115

• Mental Exercises •

36	÷	6	=	___	7	x	___	=	77
10	x	4	=	___	___	x	5	=	15
___	x	9	=	36	___	x	11	=	55
___	x	12	=	36	11	÷	___	=	11
___	x	5	=	60	5	x	8	=	___
___	÷	5	=	6	2	x	12	=	___
9	x	___	=	63	24	÷	12	=	___
___	x	5	=	5	___	÷	6	=	12
11	x	4	=	___	___	x	4	=	28
5	x	6	=	___	48	÷	12	=	___
___	÷	7	=	8	___	÷	2	=	12
4	x	8	=	___	40	÷	4	=	___
28	÷	___	=	7	8	x	___	=	56
121	÷	___	=	11	30	÷	___	=	3
90	÷	___	=	9	3	x	10	=	___
60	÷	12	=	___	1	x	___	=	8
___	x	11	=	11	10	x	3	=	___
12	÷	2	=	___	10	÷	10	=	___

EXERCISE #116

• Mental Exercises •

3	x	___	=	36	12	x	9	=	___
4	x	___	=	36	___	x	7	=	14
2	x	8	=	___	8	÷	___	=	8
12	x	___	=	24	7	x	___	=	56
16	÷	___	=	2	___	÷	4	=	3
4	x	___	=	28	___	÷	4	=	8
2	x	___	=	18	48	÷	4	=	___
72	÷	___	=	9	48	÷	8	=	___
___	÷	8	=	9	___	÷	1	=	10
8	x	6	=	___	8	÷	2	=	___
2	÷	2	=	___	2	x	___	=	8
90	÷	___	=	10	36	÷	3	=	___
12	x	2	=	___	9	x	2	=	___
108	÷	___	=	9	12	x	6	=	___
121	÷	11	=	___	4	x	6	=	___
12	x	4	=	___	___	x	11	=	88
7	x	___	=	70	___	÷	10	=	1
___	x	4	=	12	___	÷	6	=	7

Multiplication and Division (Book 1): Comprehensive Mental Exercises

EXERCISE #117

• Mental Exercises •

___	÷	7	=	11		___	÷	11	=	1
1	x	___	=	2		___	x	9	=	108
72	÷	___	=	8		7	÷	7	=	___
22	÷	2	=	___		36	÷	4	=	___
10	x	___	=	60		5	÷	5	=	___
6	÷	___	=	1		7	x	___	=	21
___	x	12	=	12		12	x	___	=	72
63	÷	___	=	9		___	x	2	=	16
7	x	7	=	___		___	x	9	=	54
2	x	___	=	24		4	x	___	=	16
15	÷	___	=	3		___	÷	1	=	3
10	x	___	=	100		4	÷	4	=	___
___	x	3	=	15		20	÷	___	=	4
132	÷	___	=	11		___	÷	6	=	4
4	x	10	=	___		48	÷	___	=	12
5	x	9	=	___		70	÷	___	=	10
___	x	11	=	22		4	x	___	=	24
63	÷	___	=	7		56	÷	8	=	___

EXERCISE #118

• Mental Exercises •

12	x	3	=	____	120	÷	____	=	10
7	x	11	=	____	____	x	8	=	72
50	÷	10	=	____	16	÷	____	=	8
12	x	5	=	____	11	÷	____	=	1
____	÷	3	=	5	110	÷	10	=	____
6	÷	2	=	____	88	÷	11	=	____
____	x	5	=	40	90	÷	9	=	____
120	÷	10	=	____	2	x	5	=	____
9	x	5	=	____	____	÷	11	=	3
108	÷	9	=	____	54	÷	____	=	6
88	÷	8	=	____	____	x	9	=	45
1	x	____	=	4	____	÷	12	=	9
____	x	9	=	90	____	÷	3	=	7
____	x	3	=	24	7	x	1	=	____
14	÷	2	=	____	____	÷	9	=	11
____	x	11	=	132	____	÷	8	=	4
____	÷	12	=	5	4	x	____	=	44
____	÷	10	=	10	____	÷	10	=	12

Multiplication and Division (Book 1): Comprehensive Mental Exercises

EXERCISE #119

• Mental Exercises •

___	÷	8	=	6	63	÷	9	=	___
4	x	___	=	40	___	x	4	=	4
5	x	12	=	___	84	÷	12	=	___
6	x	1	=	___	80	÷	___	=	10
___	÷	5	=	4	___	÷	9	=	7
12	x	___	=	120	12	x	___	=	96
___	÷	6	=	1	6	÷	6	=	___
___	÷	7	=	3	___	÷	12	=	11
8	x	___	=	48	7	x	8	=	___
11	x	___	=	66	60	÷	___	=	12
___	x	11	=	44	18	÷	___	=	3
8	x	___	=	64	10	x	___	=	50
10	x	___	=	90	12	÷	___	=	12
3	÷	___	=	3	18	÷	___	=	9
14	÷	___	=	2	88	÷	___	=	11
___	÷	8	=	12	12	x	___	=	132
___	÷	9	=	1	___	÷	3	=	4
96	÷	8	=	___	___	x	6	=	30

EXERCISE #120

• Mental Exercises •

22	÷	11	=	___	___	÷	5	=	9
10	÷	___	=	5	___	x	10	=	120
3	x	3	=	___	2	x	___	=	6
2	x	11	=	___	20	÷	2	=	___
___	x	12	=	108	12	÷	___	=	6
40	÷	5	=	___	___	x	8	=	16
2	x	___	=	2	___	÷	1	=	4
44	÷	___	=	4	___	÷	10	=	7
45	÷	9	=	___	___	÷	8	=	10
1	x	11	=	___	___	x	10	=	60
___	x	2	=	14	11	x	11	=	___
10	x	7	=	___	12	x	___	=	48
36	÷	___	=	6	___	÷	4	=	1
9	÷	9	=	___	6	x	___	=	66
___	x	6	=	54	60	÷	6	=	___
11	x	___	=	99	132	÷	11	=	___
9	÷	___	=	3	___	x	8	=	56
___	÷	3	=	9	3	x	___	=	6

Multiplication and Division (Book 1): Comprehensive Mental Exercises

CONGRATULATIONS!

You have successfully **completed** all the multiplication and division exercises!

_____
Date

Now you are ready to go to

Book 2

Available for purchase online

www.lifelongeducation.com.au

Appendix

TIMES TABLES

• 1 – 2 •

1	x	1	=	**1**	2	x	1	=	**2**
1	x	2	=	**2**	2	x	2	=	**4**
1	x	3	=	**3**	2	x	3	=	**6**
1	x	4	=	**4**	2	x	4	=	**8**
1	x	5	=	**5**	2	x	5	=	**10**
1	x	6	=	**6**	2	x	6	=	**12**
1	x	7	=	**7**	2	x	7	=	**14**
1	x	8	=	**8**	2	x	8	=	**16**
1	x	9	=	**9**	2	x	9	=	**18**
1	x	10	=	**10**	2	x	10	=	**20**
1	x	11	=	**11**	2	x	11	=	**22**
11	x	12	=	**12**	2	x	12	=	**24**

TIMES TABLES
• 3 – 4 •

3 x 1 = **3**	4 x 1 = **4**
3 x 2 = **6**	4 x 2 = **8**
3 x 3 = **9**	4 x 3 = **12**
3 x 4 = **12**	4 x 4 = **16**
3 x 5 = **15**	4 x 5 = **20**
3 x 6 = **18**	4 x 6 = **24**
3 x 7 = **21**	4 x 7 = **28**
3 x 8 = **24**	4 x 8 = **32**
3 x 9 = **27**	4 x 9 = **36**
3 x 10 = **30**	4 x 10 = **40**
3 x 11 = **33**	4 x 11 = **44**
3 x 12 = **36**	4 x 12 = **48**

TIMES TABLES

• 5 – 6 •

5	x	1	=	5		6	x	1	=	**6**
5	x	2	=	**10**		6	x	2	=	**12**
5	x	3	=	**15**		6	x	3	=	**18**
5	x	4	=	**20**		6	x	4	=	**24**
5	x	5	=	**25**		6	x	5	=	**30**
5	x	6	=	**30**		6	x	6	=	**36**
5	x	7	=	**35**		6	x	7	=	**42**
5	x	8	=	**40**		6	x	8	=	**48**
5	x	9	=	**45**		6	x	9	=	**54**
5	x	10	=	**50**		6	x	10	=	**60**
5	x	11	=	**55**		6	x	11	=	**66**
5	x	12	=	**60**		6	x	12	=	**72**

TIMES TABLES
• 7 – 8 •

7	x	1	=	**7**	8	x	1	=	**8**
7	x	2	=	**14**	8	x	2	=	**16**
7	x	3	=	**21**	8	x	3	=	**24**
7	x	4	=	**28**	8	x	4	=	**32**
7	x	5	=	**35**	8	x	5	=	**40**
7	x	6	=	**42**	8	x	6	=	**48**
7	x	7	=	**49**	8	x	7	=	**56**
7	x	8	=	**56**	8	x	8	=	**64**
7	x	9	=	**63**	8	x	9	=	**72**
7	x	10	=	**70**	8	x	10	=	**80**
7	x	11	=	**77**	8	x	11	=	**88**
7	x	12	=	**84**	8	x	12	=	**96**

TIMES TABLES
• 9 – 10 •

9	x	1	=	**9**		10	x	1	=	**10**
9	x	2	=	**18**		10	x	2	=	**20**
9	x	3	=	**27**		10	x	3	=	**30**
9	x	4	=	**36**		10	x	4	=	**40**
9	x	5	=	**45**		10	x	5	=	**50**
9	x	6	=	**54**		10	x	6	=	**60**
9	x	7	=	**63**		10	x	7	=	**70**
9	x	8	=	**72**		10	x	8	=	**80**
9	x	9	=	**81**		10	x	9	=	**90**
9	x	10	=	**90**		10	x	10	=	**100**
9	x	11	=	**99**		10	x	11	=	**110**
9	x	12	=	**108**		10	x	12	=	**120**

TIMES TABLES
• 11 – 12 •

11	x	1	=	**11**	12	x	1	=	**12**
11	x	2	=	**22**	12	x	2	=	**24**
11	x	3	=	**33**	12	x	3	=	**36**
11	x	4	=	**44**	12	x	4	=	**48**
11	x	5	=	**55**	12	x	5	=	**60**
11	x	6	=	**66**	12	x	6	=	**72**
11	x	7	=	**77**	12	x	7	=	**84**
11	x	8	=	**88**	12	x	8	=	**96**
11	x	9	=	**99**	12	x	9	=	**108**
11	x	10	=	**110**	12	x	10	=	**120**
11	x	11	=	**121**	12	x	11	=	**132**
11	x	12	=	**132**	12	x	12	=	**144**

DIVISION TABLES

• 1 – 2 •

1	÷	1	=	1	**2**	÷	2	=	1
2	÷	1	=	2	**4**	÷	2	=	2
3	÷	1	=	3	**6**	÷	2	=	3
4	÷	1	=	4	**8**	÷	2	=	4
5	÷	1	=	5	**10**	÷	2	=	5
6	÷	1	=	6	**12**	÷	2	=	6
7	÷	1	=	7	**14**	÷	2	=	7
8	÷	1	=	8	**16**	÷	2	=	8
9	÷	1	=	9	**18**	÷	2	=	9
10	÷	1	=	10	**20**	÷	2	=	10
11	÷	1	=	11	**22**	÷	2	=	11
12	÷	1	=	12	**24**	÷	2	=	12

DIVISION TABLES

• 3 – 4 •

3 ÷ 3 = 1				4 ÷ 4 = 1			
6 ÷ 3 = 2				8 ÷ 4 = 2			
9 ÷ 3 = 3				12 ÷ 4 = 3			
12 ÷ 3 = 4				16 ÷ 4 = 4			
15 ÷ 3 = 5				20 ÷ 4 = 5			
18 ÷ 3 = 6				24 ÷ 4 = 6			
21 ÷ 3 = 7				28 ÷ 4 = 7			
24 ÷ 3 = 8				32 ÷ 4 = 8			
27 ÷ 3 = 9				36 ÷ 4 = 9			
30 ÷ 3 = 10				40 ÷ 4 = 10			
33 ÷ 3 = 11				44 ÷ 4 = 11			
36 ÷ 3 = 12				48 ÷ 4 = 12			

DIVISION TABLES

• 5 – 6 •

5	÷	5	=	1		6	÷	6	=	1
10	÷	5	=	2		12	÷	6	=	2
15	÷	5	=	3		18	÷	6	=	3
20	÷	5	=	4		24	÷	6	=	4
25	÷	5	=	5		30	÷	6	=	5
30	÷	5	=	6		36	÷	6	=	6
35	÷	5	=	7		42	÷	6	=	7
40	÷	5	=	8		48	÷	6	=	8
45	÷	5	=	9		54	÷	6	=	9
50	÷	5	=	10		60	÷	6	=	10
55	÷	5	=	11		66	÷	6	=	11
60	÷	5	=	12		72	÷	6	=	12

DIVISION TABLES

• 7 – 8 •

7	÷	7	=	1		**8**	÷	8	=	1
14	÷	7	=	2		**16**	÷	8	=	2
21	÷	7	=	3		**24**	÷	8	=	3
28	÷	7	=	4		**32**	÷	8	=	4
35	÷	7	=	5		**40**	÷	8	=	5
42	÷	7	=	6		**48**	÷	8	=	6
49	÷	7	=	7		**56**	÷	8	=	7
56	÷	7	=	8		**64**	÷	8	=	8
63	÷	7	=	9		**72**	÷	8	=	9
70	÷	7	=	10		**80**	÷	8	=	10
77	÷	7	=	11		**88**	÷	8	=	11
84	÷	7	=	12		**96**	÷	8	=	12

DIVISION TABLES

• 9 – 10 •

9	÷	9	=	1	**10**	÷	10	=	1
18	÷	9	=	2	**20**	÷	10	=	2
27	÷	9	=	3	**30**	÷	10	=	3
36	÷	9	=	4	**40**	÷	10	=	4
45	÷	9	=	5	**50**	÷	10	=	5
54	÷	9	=	6	**60**	÷	10	=	6
63	÷	9	=	7	**70**	÷	10	=	7
72	÷	9	=	8	**80**	÷	10	=	8
81	÷	9	=	9	**90**	÷	10	=	9
90	÷	9	=	10	**100**	÷	10	=	10
99	÷	9	=	11	**110**	÷	10	=	11
108	÷	9	=	12	**120**	÷	10	=	12

DIVISION TABLES

• 11 – 12 •

11	÷	11	=	1	12	÷	12	=	1
22	÷	11	=	2	24	÷	12	=	2
33	÷	11	=	3	36	÷	12	=	3
44	÷	11	=	4	48	÷	12	=	4
55	÷	11	=	5	60	÷	12	=	5
66	÷	11	=	6	72	÷	12	=	6
77	÷	11	=	7	84	÷	12	=	7
88	÷	11	=	8	96	÷	12	=	8
99	÷	11	=	9	108	÷	12	=	9
110	÷	11	=	10	120	÷	12	=	10
121	÷	11	=	11	132	÷	12	=	11
132	÷	11	=	12	144	÷	12	=	12

www.ingramcontent.com/pod-product-compliance
Lightning Source LLC
Chambersburg PA
CBHW081357160426
43192CB00013B/2433